生きものとは何か

世界と自分を知るための生物学

本川達雄 Motokawa Tatsuo

★――ちくまプリマー新書
319

目次 * Contents

挿画　ごとうまきこ

はじめに

若い方々に生物とはどんなものかを伝えたくて本書を書く。

《汝(なんじ)自身を知れ》とは古代ギリシャの格言であるが、君たちぐらいの時分には自分が何者かを知りたいと思うものだろう(少なくとも私はそうだった)。われわれは生物なのだから、自分を知るには、やはり生物のことを理解しておく必要がある。「自分を理解する上で役に立つ生物学入門」を目指して本書を書き進めようと思う。

生物とはこういうものだと、できるだけ簡潔に伝えたいのだが、これは簡単なことではない。なにせ生物の顕著な特徴は多様なこと。「生物はこうだ」と言えば必ず例外が出てきてしまう。一筋縄ではいかない曲者(くせもの)が生物なのである。にもかかわらず、「生物はこうだ」と言い切ろうというのが本書の試み。

こんな大胆なことをやろうと思ったのは古稀(こき)を迎えたから。生物学科に進学してからでも五〇年、半世紀ものあいだ生物を学んできた。ここで一生の総括として、自分なりの生物理解をなるべく分かりやすい簡潔な形で示しておくのは、君たち若い世代に対する義務であり、かつ親切なことではないか。そう考えて執筆に踏み切った。

生物を理解するのが生物学であり、これは自然科学（理科）の一分野。生物は曲者だと言ったが、生物学も自然科学も、同じく曲者。そもそも科学は西洋生まれの行為であり、科学のもつ西洋特有の「くせ」を理解するのに大いに苦労したものだ。また生物学と他の自然科学とでは方法上の違いがあり、これにも大いに悩まされた。どんな「くせ」があり、どこが悩みだったかを伝えておきたい。君たちが生物を、そして科学を理解する上で役に立つと思うからである。

というわけで生物についてのみならず、この五〇年、悪戦苦闘して曲がりなりにも身に着けた自分なりの科学・生物学の理解をも、本書では書く。となるといきおい、本書は私個人の経験に基づいた独自の見方を前面に押し出したもの（つまり独断と偏見に満ちたもの）にならざるを得ない。そこでそんな風に考えた人物（私自身）について、まずはじめに少々書かせていただく。

ぼくは生物が嫌いだった

「生物がお好きなんでしょう?」とよく訊かれる。生物学などという浮世離れした学問をやるなんて、よほどの生きもの好きと思われるようだ。それも道理。私は理学部生物学科動物学教室を卒業したのだが、同級生・同窓生には生きもの好き、とくに昆虫少年だった人が多い。

　ところが私は生きもの好きではない。殺生は嫌いだし、イモムシは写真を見ただけでもぞぞぞーっと虫ずが走る。なのになぜ生物学者になったのか。

　私は昭和二三年生まれ。団塊の世代の真ん中である。敗戦後の焼け跡からだんだん豊かになっていき、所得は倍増、私が高校一年の時に最初の東京オリンピック、新幹線もできた。どんどん物を作って豊かになろうという時代であり、工学部の定員は倍増。「科学が拓く明るい未来」のシンボルが原子力で動く鉄腕アトムだった。

　高校二年の時に進路を決めねばならない。理科系が得意な生徒は工学部に進んで物を作り、文科系の得意な生徒は商・法・経済学部に進学して作った物をどんどん売ろうというのがおおかたの選択だった。そこで、はた、と考えてしまったのである。これ以上豊かになる必要があるのだろうか？　豊かになるのは悪くはないだろうが、何も全員、そろいもそろってそっちの方角に走って行くこともないだろう。一人くらい、直接は世間の役に立たないことをやる人間がいてもいいのではないか。

実務に役立つ学問が実学、「役に立たない」学問が虚学。虚学をやろうと思ったのである。となると進学先は文学部か理学部。学生服のポケットにいつも小説や詩集の文庫本が入っている生徒だったから、文学が嫌いではなかった。しかし当時の私には、文学部とは心のことばかり扱っていて、どうにもやっていることが偏っていると感じられた。では理学部はどうか。当時のよくできる生徒はみな湯川秀樹や坂田昌一にあこがれ、素粒子を研究しようと物理学科に進学した。これもやっていることが反対方向にものすごく偏っている。

そういう事態に納得がいかなかった。一方は心ですべてが分かると言い、他方は基本の粒子である素粒子・原子・分子ですべてが分かると主張している。心と素粒子とは両極端。どちらか一方だけで世界全体が理解できるとはとても思えない。

そこで全世界を見渡しながら、世界や、その中での私自身を理解したいと考えた。心と素粒子の中間の位置に立ったなら、全世界を見渡せるのではないか、中間の位置とは生物学あたりではないだろうかと見当をつけ、生物学科に進学した。

ところが分子生物学が隆盛になってきた時代であり、生物学においても、生体分子や遺伝子という基本粒子で生物を理解しなければ時代遅れだとする風潮だった。現在ではさらにその傾向が強まっている。それでもなんとか初志貫徹。この五〇年間、世の風潮に逆らい、中間の立ち位置から「古典的生物学」を研究してきた。そういう「古くさい」人間が、生物をどんなものとして理解したのかを書こうと思う。

生物は時空の中に存在しているが、本書では、生物という存在は時空の占め方にどのような特徴があるのかを考えていく。空間の占め方が形。生物の形にはどんな特徴があるのだろう？　そして時間に関しても生物には特徴があるのだろうか？　形と時間が本書のキーワードである。

この二つを考える際に、本書では二つの視点を大切にしたい。目的をもっているかどうかと、アバウトなゆるい見方。どちらも科学ではお目にかかれないものだろう。

生物は目的をもつ

なぜ目的を視点に定めたかをあらかじめ述べておこう。ここでアリストテレス（紀元前四世紀、ギリシャ）が登場する。彼は「万学の祖」と言われ、すべての学問の基礎を作った古今最大の学者である。生物を実際に観察して『動物誌』という大著も書いており、彼の発想には生物の研究に基づいたところが多い。そのため親近感がもてる。また彼は両極端に偏らない中庸を重んじており、これも心と素粒子の中間の立場をとる私には親近感が湧く。

そしてアリストテレスが代表的な目的論者なのである。彼は自然には目的があると考えた。その考えが中世を通してずっと西欧を支配していたのだが、その自然観を否定し、自然から目的を追放したのが近代科学なのである。本書では生物を「生き続けるという目的を、あたかももつかのようにふるまうもの」と捉えるのだが、いまさら目的を持ち出すとはなんたる時代錯誤！　との声は当然あがるだろう。しかし生物を理解するには何らかの形で目的を考えざるを得ない。だから目的を忌み嫌う科学に、上手に目的のようなものを持ち込んで生物の理解を助けようというのが本書のもくろみである。

科学は言葉（ロゴス）により厳密に記載・定義する

個人的なことをさらに書く。私は大学・大学院と八年間、内村鑑三の教えを受けついだ無教会キリスト教の学生寮で暮らした。クリスチャンでもないのにたまたま入ってしまったのだが、入ったからにはというので、まじめに聖書と取り組んだ。現存最古の新約聖書はギリシャ語で書かれたものであり、それを原語で読むなどということもした（おかげでギリシャ古典に親しみをもてるようにもなった）。ただしキリスト教の考え方には何となく居心地の悪さを感じていた。そこで「気分転換に」禅寺に籠もったこともある。鈴木大拙全集にも読みふけった（坐禅も決して居心地がよいとは感じられなかったが）。なにせ大学紛争で授業が二年近くなかったものだから、時間はたっぷりとあったのである。

結局クリスチャンにはならなかったのだけれど、聖書を勉強したことは、科学をなりわいとしていく上で大いに役に立ったと思っている。科学は真理と向き合う行為である。西洋で生まれ育った近代科学には、神という真理と向き合う際にとるキリスト教徒の「くせ」が強く反映されているのだが、その雰囲気を感じ取る上で、聖書と苦闘した経験が役に立った。

キリスト教では神の言葉をきわめて重視する。世界は神の言葉で造られたものである。言葉はギリシャ語でロゴス。ロゴスには論理という意味もある。神が造られた世界を、言葉により描き尽くし論理的に説明し尽くすのが西洋の科学。それに対し、禅家（ぜんけ）は不立文字（ふりゅうもんじ）と言い、言葉（文字）に囚われると悟れないとする。

描き尽くすと言えば、西洋の絵画はまさにそうで、画面にはびっしりと何かが描かれているが、日本の絵画では余白を重んじる。西洋の絵画を見ていると、偉大なのは確かだがどうにも息が詰まってくるし、そんなに描き込んでしまっては野暮という印象も否めない。

科学にしてもまったく同じで、はたしてそこまで言ってしまっていいのか、そうすることが適切なのかは、いつも疑問に感じてきた。私は西洋の自然観や科学に対して、鋼鉄の箱（厳密な定義）でしっかりと一つの世界を包み込み、その内部のものはすべて論理的に言葉で描き尽くすというイメージをもっており、それに対して、日本の自然観は、隙間の多い網で世界を包むようなイメージで、世界の境界もいま一つはっきりしていないものだと感じている。この違いは自然観だけではない。「私」というものについても同様で、日本人は個が確立していないとか、日本人は空気を読んで全体に合わせるとかよく言われるが、それは自分とまわりとの区切りが今ひとつはっきりとしていないことの現れだろう。

長岡半太郎（一八六五年生）は大学在学中一年休学し、日本人でも科学ができるかと大いに悩んだうえ、意を決して物理学の道に進んだ。内村鑑三（一八六一年生）は伝統的な日本人の考え・習慣を捨てなければクリスチャンになれないのかと悩んだすえ、無教会キリスト教という日本独自の道を切り拓いた。明治の初年、偉人たちの抱いた悩みは大きく、それは今もって解決されていないと思う（少なくとも私にとって解決済みではなかった）。現在、西洋の科学や西洋の築き上げた社会システムのもつ様々な問題点が浮かび上がってきているが、これらを解決するヒントは、この悩みを通して得られるのではないか。そこらあたりを若い君たちに伝えたかったのも本書を書いた理由である。

本書では、日本風にゆるい網で生物を捉え、また、「私」というものもゆるく捉えたら、生物はどんなふうに見えるのかを考えてみたい。こういう見方は決して西洋人や、日本人でも「正統な」科学者はとらないだろう。だがゆるくアバウトに見ることにより、生物の本質がかえって明らかになる場合もあると私は考えており、人生の終わりに、そういう冒険的な書物を書いてみるのも、日本人科学者の責務！　と意を決し、あえて筆を執った。

教養としての生物学

私が一番長く勤めていたのは工業大学。そこでは教養科目としての生物学を講義していた。聞き手は将来技術者になる学生で、彼らは数学・物理学的発想しかもっていない。そういう若者に生物学的な発想も大切だよと説き続けてきたのである（本書はその授業に基づいており、生物学的発想を強調する調子は生かされている）。

君たちのほとんども、将来、生物関係の職業につくことはないだろう。そういう人にこそ本書を読んでもらいたい。私たち人間は生物の一員であり、生物とはどのようなものかを知ることは、それぞれの専門分野でよい社会人として生きて行く上で欠かせないもの、必須の教養だと思うからである。もちろん「よい人間になるには、その前提としてよい生物でなければならない」と短絡するわけにはいかないが、よい人間であることと、よい生物であることとの関係を考えることは、よい人間になる上で重要なことであり、だからこそ生物学は教養として必修科目なのだと思っている。

教養の意義をカントは「もう一つの眼」にたとえている（カントは一八世紀の大哲学者、生まれは当時ドイツ領だったロシア）。《自分を見そこない、自分の力を過信しているような……学者を、キュクロープス（一眼巨人）と呼ぶ。……そのような人には、もう一つの眼、彼の対象を他人の立場から眺めるような、もう一つの眼が必要である。……超越論的人間学》（『人間学遺稿』）。「超越論的人間学」を教養、「学者」を専門家と言い換えていい。するとカントの言葉は次のように言い直せるだろう。専門家は一つ眼の巨人のようなものだ。巨人だから大きな力をもっているのだが視野が狭い。どうしても自分の専門の見方だけで突き進もうとする。だから専門以外のもう一つの眼、教養が必要なのだ。

本書の最終章では、そこまでに述べた生物の特徴に基づいて、現代社会を批判的に眺めてみたい。通常の見方とは異なる眼、生物学というもう一つの眼で社会を眺めて見ようと思う。世間では右肩上がりの経済成長が不可欠とされているが、別の眼で見れば、そんなことをやっていて日本も地球も、きちんと続いていけるかどうか、はなはだ怪しい。地球規模では人口爆発・地球温暖化、国内では超高齢化・赤字国債依存の財政と、君たちの未来は決して明るくない。荀子（中国の思想家、紀元前三世紀）はかってこのようなことを言った。「困難な状況になっても苦しむことなく、気力もなえ衰えないために学ぶのだ」。これが教養の底力ではないだろうか。君たちの世代は困難に出会ってもめげない生命観をもつ必要があり、本書がその参考になればと願っている。

第一章

生物という呼び名

私たちは生物をどんな名で呼んできたのだろう。本書を始めるにあたり、呼び方を通して、昔の人たちが生物をどのようなものだと捉えていたかを見ておくことにする。

生物

まず「生物」から。これは中国由来の言葉で「生＋物」。「生」とは草の生える形を写した象形文字で、草が水平な地面から垂直に生えて左右に葉を広げている形、「物」は《万物なり》と説文解字（二世紀初頭に中国でつくられた漢字字典）にある。

いきもの＝息をするもの

生物を「いきもの」と訓読する。これは、いき＋もの。

「もの」は単なる物体ではないかもしれない。折口信夫は源氏物語のもののけに関する小文で《元々「もの丶け」と言ふ語は、霊の疾の意味であつた。ものは霊であり、神に似て階級低い、庶物の精霊を指した語である。さうした低級な霊魂が、人の身に這入つた為におこるわづらひが霊之疾である》（「もの丶け其他」）と書いている。また物語に関する論攷ではこう述べる。《ものとは、霊の義である。霊界の存在が、人の口に託して、かたるが故に、ものがたりなのだ》（『大和時代の文学』）。

いきものの「いき」はもちろん息。われわれ日本人は生物を「息をするもの」と捉えていた。同じ発想は英語でも見られ、アニマル（＝動物）はアニムス（空気・息・魂を意味するラテン語）由来の言葉である。

動物・植物

「動物」は「動＋物」。うごくという、動物の最も目立つ特徴が呼び名になっている。これは納得できることだろう。一方「植物」の方は「植＋物」。「植」は木を真っ直ぐに立つようにうえつけるという意。英語で植物はプラント。ラテン語のプランタ由来であり、これは植物の他に足の裏も意味していた。プラヌス（英語のプレーン）は水平面の意味があるが、足の裏で地面を平らにならしてからプランタレ（植える）のが植物だという命名である。洋の東西を問わず植物は農耕との関わりで捉えられている。

生命

命は命令の「命」で、天から命じられたもの、天からさずかったものの意味。生命と生と命を並べて使うが、広辞苑で「生命」を引いてみると、《生物が生物として存在する本源。栄養摂取・物質代謝・感覚・運動・生長・増殖のような生活現象から抽象される一般概念。いのち》とある（本書での広辞苑の引用はすべて第六版）。生物は体をもった具体的な実在物を指すが、生命は生物に共通する抽象的な概念を指す。

いのち

命に「いのち」と訓をふる。このやまとことばはイ＋チ（ノは助詞）。イは息である。チの方は、流れ・渦巻く神秘的な力をもつものという意味。そんな力があるから霊力をもつものにもなり、「いのち」は息をする神秘的霊という意味をもつ。こういう霊をもつところが、他の自然物とは違うところであり、広辞苑に言うところの「生物が生物として存在する本源」が、つまりはこの神秘的な霊＝「いのち」だという発想だろう。

チのつく言葉をいくつか挙げてみよう。血。血は体内を循環し、体を切ればほとばしり出る。これはいのちを養う力のあるものである。乳も「乳飲み子」のようにチと読み、これもほとばしり流れ出て子を養う神秘的な力をもつ。「おろち」（例、やまたのおろち）。「おろち」のオは尾らしい。ロは助詞（ノの意味）。長い尾をもってぐるぐる巻くものすごい力のあるものが「おろち」。

自然物にもチがある。風は「東風(こち)」のようにチと読むが、流れ渦巻く力のあるものである。雷は「いかづち」。イカは厳(いかめ)しいで、ヅは助詞のツ。恐ろしい力をもち天からジグザグに流れ落ちてくるものが雷。チはシにも通じる。荒々しい風が「あらし」である。

以上、いのちのチは流れ渦巻き神秘的な力をもつものであり、息はまさにそのようなものだという説を紹介した。ただしチを力(ちから)ととって息の力とする説や、チを内(うち)として「いのち」は息の内にあるものだという説もあるようだ。いずれの説をとるにせよ、「いのち」あるものは息をし、息をしていることが「生きる」ことである。生きているか死んでいるかは、まず息をしているかで確かめるものだ。

呼吸

呼吸が生物の大きな特徴なのである。息を止めれば一分〜一分半で仮死状態になり、数分〜数十分で死ぬ。息をしなければ食物からエネルギーを取り出すことができず、エネルギーの供給がなければ生命現象が止まってしまうからである。

呼吸とは、体や細胞が酸素を取り入れ、二酸化炭素を排出する現象のこと。その過程で食物が酸素で「燃やされ」、ＡＴＰ（アデノシン三リン酸）というエネルギーの素がつくられる。ＡＴＰは、体内でエネルギーが必要になるあらゆる場面で使われる低分子物質。ＡＤＰ（アデノシン二リン酸、アデノシンにリン酸が二個結合したもの）に、さらにリン酸がもう一つ、特別な結合を介して結びついた構造をしている。この結合部分は「高エネルギーリン酸結合」と呼ばれ、ここに大きなエネルギーが蓄えられている。ＡＴＰはＡＤＰへと容易に分解され、その際にこの特別な結合に蓄えられていたエネルギーが、他の物質に手渡される。体内で起こる化学反応は、エネルギーを注入して初めて起こるものがきわめて多く、そのような反応を起こす際に使われるのがＡＴＰで、体内の化学反応を進める上で無くてはならぬものである。

ＡＴＰの原料となるのが食物。食べたものは消化の過程でグルコース（ブドウ糖）にまで分解され、それが腸から吸収されて血液に溶け、各細胞まで運ばれていく。血液中の糖のことを血糖と呼ぶが、脊椎動物ではそれがグルコース。体を車にたとえれば血糖はガソリンであり、ガス欠になれば体の活動は止まる。

グルコースは炭素が六個連なった化合物である。炭素がつながっているとは、炭素同士のその結合の部分に化学エネルギーが蓄えられていることを意味し、それを分解すればエネルギーを取り出すことができる。それをやっているのが細胞内にあるミトコンドリア。酸素を使ってグルコースを二酸化炭素（炭素一個の化合物）へと酸化・分解し、取り出したエネルギーをATPの高エネルギーリン酸結合に蓄える。

ATPの蓄えは、体の中にはほとんどない。また、酸素の蓄えもほとんどない。だから呼吸をやめて酸素の供給が止まると、手持ちのATPがすぐに底を尽き、ガス欠になってしまう。数分間息が止まったら死ぬとは、エネルギー供給が無くなれば死ぬことを示している。「いきもの」という呼称は、エネルギー消費と密接につながった呼吸現象を、生物の大きな特徴として捉えた呼び方である。そしてこれは、「エネルギーを使っていることが生きているということだ」と暗に指しているとも言えるだろう。

息子は蒸す子

「息子」は息をする子と書くが、これを「むすこ」と訓読する。ムス＋「子」がむすこ、ムス＋「女（め）」がむすめ。このムスに日本人のもつ生命観・自然観の特徴が出ていると思う。

古事記は次のように始まる。《天地（あめつち）初めて発（ひら）けし時、高天（たかま）の原に成れる神の名は、天之御（あめのみ）中主神（なかぬしのかみ）、次に高御産巣日神（たかみむすひのかみ）、次に神産巣日神（かみむすひのかみ）》。最初の神は天之御中主神。天の真ん中にいる神という名であり、実質的に何をなさったのか、さっぱり分からない（一説によれば、古事記の編纂当時に中国でさかんだった道教の最高神に対応する神を、日本にだってそんな偉い神様がおられるのだと、ちょっと格好をつけるお飾りとして冒頭に置いたのだろうとのこと）。

実質、何をなさったのかが名前で分かるのが二番目と三番目の神様である。どちらの名にも「むすひ」が入っている。それ以外の高・御・神は、すべて偉いという褒め言葉であり、それらの形容詞をのぞけばどちらも「むすひ」。つまり古事記は、最初に「むすひ」の神が登場したと始まるわけだ。高御産巣日神は最初に登場するだけでなく、その後は高木神と呼ばれて、高天の原の中心的な神として天照大御神と並んで活躍する。

「むすひ」は生成を意味する言葉であり、古事記の序文では「造化」となっている（ちなみに「造化」とは広辞苑によれば《天地の万物を創造し、化育すること》）。「むすひ」はムス＋ヒ。ヒは内在霊を表すという説や、ヒは日だという説があるが、どちらもヒは高貴で偉いという意味になる。だから姫は「ヒ＋女」で高貴な女子、彦は「ヒ＋子」で高貴な子。

ムスは「生す」や「産す」とも書く。発生する、うまれる、はえる、という意味。実をむすぶという言い方があり、これは実が自然にできてくる感じ。記紀神話には和久産巣日神（ワク＝若々しい）という神も登場するが、この神の頭からはカイコが、へそからは五穀が生

じたとされる。「草むす」「苔むす」という言い方もあり、これは草やコケが放っておいても
わさわさ生えてくる感じ。人為的にではなく、勝手に向こうから無数に生成してくる感じで
ある。そんなふうに地面から湧き出てくるのが「虫」。「できちゃった」っていう感じでぽこ
ぽこ産まれてくるのが息子や娘なのだろう。

ムスは「蒸す」でもある。高温多湿なのが蒸す。高温多湿だからこそ、生物がどんどん生
えてくるのであり、これは梅雨期、かびに悩まされることで実感できるだろう。日本のよう
な雨の多い温暖な国では、生物はいとも簡単に自然とできてくるものであり、だからこそ、
「むすひ」という生成力により、自然にものがうまれ出て国が作られたという神話になった
のではないだろうか。キリスト教のような砂漠で誕生した宗教では、こうはいかない。乾い
たところでは、生命は放っておいて生まれてくることはない。神の大いなる創造力が必要に
なるのである。特別に神の息を吹き込んで下さったおかげで人間は誕生できた。

法華経には無数の菩薩がむくむくと地面から湧き出てくる印象的な場面がある。こういう
イメージが持てるのも、高温多湿なインドの風土のなせるものだろう。虫も息子も菩薩(ぼさつ)も同
列で自然とつながっているというのがインドや日本の発想であり、それに対して人間はまっ
たく特別のもので自然とは切れているというのがキリスト教の発想のように感じられるが、

ここには湿度と温度の違い、とくに湿度が大きく関係していると思われる。

どの生物であれ、体の重さの六割以上が水の重さが占めている。水っぽいところが生物の大きな特徴で、水気がなければ生物は存在しえない。生物の体はいわば水溶液であり、そうだからこそその中で活発に化学反応が起こり得るのである（一七〇頁）。また化学反応は温度が高い方がより活発になる。だから高温多湿の蒸し蒸しした環境で生物が発生しやすくなるわけで、息子・娘・虫も生物の特徴を捉えた呼称だと言っていい。

ライフとは続くもの

英語で生命・生活をライフ life という。その f を v に変えれば生きるという動詞リブ。ドイツ語ならレーベン（これは名詞にも動詞にも使われる）。リープはドイツ語で体。以上のものは古代英語リフに由来する。愛を指すラブ（英）やリーベ（独）も同根の言葉である。リフとはインド・ヨーロッパ基語のライプに由来するものであり、これには、存続する、留まる、くっつくという意味がある。存在し続けるのが生命だという考えがライフには含まれているようだ。

ビオスとゾーエー

この存在し続けるという意味を、きわめてはっきりと表しているのがギリシャ語のゾーエーである。

生物を指す言葉として、古代ギリシャには、ゾーエーとビオスという二つのものがあった。ビオスはよく耳にするバイオの語源。バイオロジーは英語で生物学である。ビオスとは個体のこと。個体は個性をもっており、はっきりとした輪郭があって、空間的に他のものから区別される。また個体は生まれてきて必ず死ぬものだから、時間的にも誕生と死という前後の輪郭がはっきりしている。こういうものがビオス（生物個体）であり、わたしたちが普通にもつ生物へのイメージだろう。

これに対して、続くことに関係した呼び名がゾーエー。これはズー（動物園）やズーオロジー（動物学）の語源となった言葉である。ゾーエーは、①個体のあらゆる生命活動の源泉となっているものであり、②個体を超えて連続し、死なないものである。

ゾーエーとは今の言葉を使えば遺伝子に当たると考えていいだろう。遺伝子とは、それに書き込まれている情報をもとにタンパク質が合成され、そのタンパク質の働きにより、日々のわたしたちの活動が起こる。だから、「①あらゆる個体の生命活動の源泉となっている」

のが遺伝子。そして遺伝子はそっくりにコピーされて子、孫、ひ孫へと、ずっと伝えられていく。だから遺伝子は死ぬことはなく、「②個体を超えて連続し、死なない」。

古代ギリシャ人がもっていた生物のイメージは、真珠のネックレスにたとえられている（ケレーニイ『ディオニューソス』）。個々の真珠の珠がビオス、それを貫いてまとめている糸がゾーエー。

個々の個体である私はビオスでありながらゾーエーの糸で貫かれているのだから、ビオスとゾーエーの両面（必ず死ぬ面と死なない面）を備えているのであるが、「必ず死ぬ」と「死なない」とは矛盾する。その絶対的に矛盾するものが私の中で一緒になっているわけだ。だから私は「絶対矛盾的自己同一」なのである（西田幾多郎）。

オーガニスム（有機体）

古代ギリシャには、もう一つ、生物を指す言葉があった。オルガニコンである。英語のオーガニスム（生物）はこれ由来であり、マイクロオーガニスムと言えば微生物のこと（マイクロ=微小）。オーガニスムは生物有機体や有機体などと訳されることも多い。この「有機」という言葉は、有機化学や有機化合物の有機であり、有機化合物（オーガニック・コンパウンド）は、もともとは生物由来の化合物を意味していた。霊妙なる機能を有しているのが生物の体をつくっている物質なのだという意味合いが含まれていたようだ。

生物をオルガニコンと命名したのはアリストテレスである。彼は《自然的物体の諸部分が相互に作用して、自然的本質（ピュシス）の実現に道具として役立つとき、それはオルガニコンとよばれる》とした（『霊魂論』）。オルガニコンとは、「オルガノンをもつもの」の意味である。オルガノンは「道具」を意味し、英語のオーガンの語源となっている。オーガンには他に報道機関・行政機関などの「機関」、体内の「器官」の意味もある。

道具・機関・器官には働き（機能、エルゴン）があり、その機能はある用途（目的）を果たすためのものである。たとえば食べものを盛る道具が食器、布を織る道具が機（ちなみに機械の「械」は道具・からくりの意）、音楽を奏でる道具がオルガン。

体にはさまざまな用途に特化した器官がある。運動の用途をもつものが足や羽などの運動器官、情報を集めるのが眼や耳などの感覚器官、感覚器官の集めた情報をもとに判断して、運動器官に動けと指令を出すのが脳という器官。そしてそれらが働くためのエネルギーを供給するために働いているものたちが、咀嚼器官（口、歯）・消化器官（胃、腸）・呼吸器官（肺）・循環器官（ポンプとして機能する心臓＋血を送る管である血管）。エネルギー供給にかかわるこれらの器官群は、連携して働くシステム（器官系）を構成し、各器官の働きは内分泌器官や自律神経系（これも一種の器官）によって全体としてエネルギー供給が滞りなく行われるよう制御されている。体は特定の用途をもつ器官の集まりなのであり、それらはただ集まっているだけではなく、体全体として生きていくという目的にかなった働きをしている。そこで、先ほどのアリストテレスの言葉をもう少し砕いて言い直せば、「物体が異なる用途の道具（器官）として働く部分に分かれており、それらの働きが協調してその物体の本質の実現という目的実現に役立つようになっている時、そういう物体を生物（オルガニコン）と呼ぶ」となるだろう。

オルガニコンという呼称は、ある目的をもって働いているという生物の特徴を指し示した名前なのである。では生物の目的とは何なのだろうか。章を改めて考えることにしよう。

第二章　生物は続くもの

生物の最大の特徴は続いていくことだと私は思っている。目的論風に言えば、生物は、あたかも続いていくという目的をもつかのようにふるまうものなのである。そう考える理由を本章で述べていきたい。「生きものとは何か」に対する私なりの答えになるからである。

地球にはさまざまな生物がいる。そしてそれらはすべて、最初に誕生したものの直系の子孫だとされている。ということは、今いるヒトもクラゲも大腸菌も大いに違う生物だが、それぞれの祖先をたどっていくと共通の祖先生物にたどりつけるということである。

生物の誕生は三八億年ほど前らしい。そんな大昔の祖先に、現在生存しているすべての生物がつながっているとされているのは、それが一番ありそうなことだから。そう考える理由は以下のとおり。

現在知られているだけで一九〇万種にものぼるさまざまな生物がいる。そしてそれらは共通点をもっている。高校の教科書をみると生物の共通性というタイトルの下に共通点が列記されている。①体が細胞でできている、②生命活動のためにエネルギーを利用する、③DNAをもち自分とほぼ同じ形質をもつ子をつくる、④体内の状態を一定に保つ、⑤刺激に反応する、⑥進化する（『基礎生物　改訂版』、ちなみにこれは私が編集・執筆したもの）。③について少々補足しておこう。形質とは生物のもつさまざまな性質のこと。形だけではなく栄養要求性などのような性質も形質に含まれる。ＤＮＡは遺伝情報を担う分子であり、親のＤＮＡがそっくりに複製されて子に伝わる。ＤＮＡは塩基が直線状に並んだ分子で、塩基の並ぶ順序（塩基配列）がどの種類のタンパク質をつくるのかの情報を担っている。タンパク質は体の主要な構成要素で、アミノ酸が直線状に並んでできた分子である。アミノ酸の並び方（アミノ酸配列）がＤＮＡの塩基配列により決まる。ＤＮＡの複製の仕組みやＤＮＡからタンパク質のできる仕組み、そしてタンパク質を構成するアミノ酸の種類がどの動物でも共通なのである。

ここにあげられた共通点は生物の本質に関わる性質ばかりである（本質とは、それがそれだといえるために最低限そなえているべき性質）。そしてこれらは一セットとして、大腸菌にもクラゲにもヒトにも備わっている。これら六つの性質の一個一個を、クラゲが独立に獲得し、ヒトもそれとは独立に同じものを獲得し、そしてその獲得した性質の組み合わさったセットが、たまたま全生物で一致したなどということは、確率的にありそうにない。だから共通点は皆、大昔の共通祖先がもっていたものであり、それを一セットとして丸ごとずっと引き継いできたと考えるのが最もありそうなストーリーである。つまり今いる生物たちは、ずいぶん違って見えるけれど、皆、共通の祖先の子孫であって、血がつながっており、「われら生物、皆、親戚」と考えざるを得ない。

そうだとすると三八億年もの間、生物は途絶えることなくずっと続いてきたことになる。これは驚くべきことだろう。不動と思える大地だってそんなに長いこと続いていないではないか！

三八億年の間には絶滅してもおかしくない事件がたびたび起きた。全球凍結（地球全部が凍りついて巨大な雪玉になる事件）が複数回あった。液体としての水がなくなれば生きていけないのが生物だから、これは死活に関わる大事件。巨大隕石もぶつかって来た。衝突で巻き上がった粉塵により日光はさえぎられ、光合成ができなくなった。つまり全生物にとっての食物供給源が絶たれたのだから、これも死活に関わる大事件。こんな存亡の危機にたびたび見舞われながらも、死に絶えることなく続いてきたのが生物の歴史なのである。このような事実を知れば知るほど、「生物はずっと続くようにできている」と考えたくなってくる。

とはいえ、生物の体はじつに精巧・複雑、そして繊細なものであり、ほんのちょっとしたことで死ぬ。こんなはかないものがずっと続いていくとは、ちょっと考えにくいことであり、生物には、続くように何か特別な仕掛けが備わっていると考えざるを得ない。それは何なのだろう？

ここで発想を逆転させ、われわれの手で生物のような構造物を作ることを想像してみよう。どんなふうにすれば、こんなに精巧・複雑・繊細で、なおかつ続いていく構造物を作れるだろうか?

続くことに立ちはだかる壁

生物のモデルとして建物を考えたい。建物は複雑な構造をもち、かつ生物同様機能をもつものだからである。ずっと続いて行く建物はどうしたらたてられるだろうかと思考実験をしてみることにしよう。続いていくためには、乗り越えねばならぬ二つの壁が存在する。①熱力学第二法則と②環境の変化である。

まず①について。秩序だった構造物は、時がたてば必ず無秩序になっていく、つまり壊れていくというのが熱力学第二法則。無秩序さが増えることを、エントロピーが増大すると表現する。物は必ず無秩序になる方向に変化するのであり、変化するとは時間が経つということだとすれば(二五七頁)、これが物理的時間の存在する根拠の一つになっているのもうなずける。

絶対に壊れないように作ればずっと続く建物になるのだが、それはできないというのが熱力学第二法則。時が経てば必ず建物は壊れてしまう。

それならば、壊れてきたら直し、また壊れてきたら直しと、修繕し続ければ建物はずっと続いていくだろう。実際にこれを行っているのが法隆寺。世界最古の木造建築で一三〇〇年も続いており、世界遺産に認定されている。

ただしこのやり方には問題がある。直し続けるにつれ、古くていつ壊れるか分からない部分と新しい部分とが入り交じってくる。こんなものを手荒に使えば古い部分が壊れる恐れがあるから、使用には気を遣わねばならない。これでは創建時と同じ機能が保たれているとは言い難いわけで、機能の劣化していくのが「法隆寺方式」の難点なのである。

ここでは生物のモデルとして建物を考えているので、機能の劣化が起こっては困る。シマウマが老いてちょっとでも脚の機能が衰えてきたらライオンに捕まる。逆にライオンも、老いて脚力が衰えたら餌を捕らえられなくなり、やはり死を免れない。ずっと続いていくには機能がきちんと保たれる必要のあるのが生物なのである。

御臨終ですと言われて生体から死体に変わる。この時、何が変わっているのだろうか。形も、体をつくっている材料にも変化はない。変わったのは生体のもっていた機能が失われた点である。達成すべき目的のために働くのが機能。そもそも死体には目的がない、だから機能はない。

古代ギリシャ人は魂（心、ギリシャ語でプシューケー）をもつものが生物だと考えていた。その考えをふまえ、アリストテレスは魂とは生物の機能だとする。魂というと、体からフワフワ離れて独自に存在できるものというイメージがあるだろうが、アリストテレスの言う魂は体の機能であり、体を離れてはありえない（彼は魂をたとえて、もし目を動物とするなら、視覚という目の機能が目の魂だと言う）。生体から機能＝魂が失われてしまえば死体なのである。

同じとは？

そこで機能が衰えずにずっと続く建物のたて方を考えたいのだが、その前に、同じものが続くという時の「同じ」ということを吟味しておく必要があるだろう。建物が同じだと言うときには、まず形の同じことが求められる。生物学においても形が圧倒的に似ているものを同じ種と認めている（六六頁）。形の違いだけで異なる生物だと分類しても、それほど見当違いにならないのは、形には多くの場合、機能が反映されているからだろう（第五章）。形を重視するのにはヒトの特殊事情もある。ヒトの感覚情報の主要なものが視覚（一九六頁）だから、同じだと認めるには、見た目が同じでなければ話にならない。形の継続性が、同じものが続いていくことを考える際に最も重要なことになる。

形の次には材料を問題にするのが普通だろう。材料の場合は、ある程度、元のものが残っていれば、その建物はずっと続いていると認めるものだ。だからこそ修理の際に木材がかなり入れ替わっていても法隆寺は昔から続いていると世界的に認定されているのである。

普通には以上の様に考えるのだが、ここでは生物のモデルとして建物を取り上げているため、機能の継続性も問題にしたい。さて、機能がきっちりと続いていくような建物のたて方があるだろうか。

ある。それが伊勢神宮である。二〇年ごとに式年遷宮を行い、隣の敷地に元とそっくりのコピーを建てる。新しい材料を使って新たに建て直したものだから、機能も新品。神道では「常若（とこわか）」という考えを重視するが、式年遷宮により新品に更新し続けると、常に若々しく機能し続けられるというわけだ。

熱力学第二法則があるため同じものがずっと続いていくことはできず、次善の策をとらざるを得ない。そこで、形がそっくりであり、さらに作っている材料の継続性か、機能の継続性かのどちらかがある程度保たれていれば、それはずっと続いているとしてよいのではないか。次善の策として見るならば、法隆寺も伊勢神宮も、どちらも一三〇〇年、立派に続いていると私はみなしている。

生物は伊勢神宮方式

じつは生物が伊勢神宮方式を採用しているのである。子をつくることが式年遷宮に相当する。子というコピーをつくることにより、体を更新しながら生物は続いていく。

こういうことを不用意に言うと、「数的に一つ」と「種において一つ」の区別を無視しているとの批判を受けるだろう。法隆寺は、たとえ材料が結構入れ替わっていても一つのものがずっと続いており、これは数として一つのものである。《「数において一つであるもの」というのは「個々の事物」のことにほかならない》（アリストテレス『形而上学』）。数として一つとは個物（個体）として続くこと。それに対して伊勢神宮の方は平成二五年までに六二回の遷宮を行ってきたのだから、初代のものを伊勢神宮一号、最初の式年遷宮で建て替わったものを伊勢神宮二号……とすれば、今のものは伊勢神宮六三号となって、六三個の伊勢神宮が今までに存在した。だから伊勢神宮は数的に一つではない。個々の「個体」としての伊勢神宮一号……六三号を共通にくくれるもの、つまり「種」において一つの伊勢神宮が続いてきたことになる（これはアリストテレスの「種」の使用法に従った言い方であり、種とは同じものや似たものの集合、つまりクラスやタイプの意味で、生物学における種を直接意味してはいない）。

普通は数的に一つのもののみをずっと続いているとする。だがこれでは続かず、直し直しを続けていっても、いずれ昔から引き継いできた材料は残らず入れ替わってしまい、現在の法隆寺もやがては「法隆寺二号」と呼ばざるを得ないものになるだろう。同じものが繰り返すとは、種として同じだが数的に異なる出来事が生じることである。《消滅するものはどんなものでも、同一で数的に一つのまま存続することはできないから……（生物は）そのものが存続するのではなく種において一つのものが存続するのである》（アリストテレス『霊魂論』）。伊勢神宮方式とは「種において一つ」方式であり、これが熱力学第二法則に対処するために生物が採用した方法だった。

ただし生物は法隆寺方式（数的に一つ方式）も併用している。エントロピーは日々増大し、体は刻々と壊れていく。そして体は使えば使うほど壊れ方は激しい。そこで生物は壊れたところを日ごとに修理している。ヒトの場合、一日に四〇〇グラムのタンパク質を新たにつくり直す。皮膚の細胞も日々更新され、ほぼ一ヶ月で皮膚内の細胞はすべて入れ替わってしまう。修理し続けているからこそ、死ぬまで体が機能し続けられるのである。

修理するには、修理に使う材料と、その作業をするためのエネルギーが要る。動物の場合、材料もエネルギーも餌を食べることにより手に入れているのだから、その能力を維持する必要がある。動物なら餌を捕まえるための感覚能力や運動能力、食べたものを消化吸収する能力を維持しなければならないし、植物ならば光合成能力や根からの水分や養分の吸収能力の維持が必要になってくる。手に入れた材料をもとに、自分の体の構成材料（タンパク質や多糖類など）を合成する能力も保たねばならない。もちろん、捕食者に食われないようしなければ生き続けることはできないから、動物ならば鋭い感覚とすばやい逃げ足という機能、植物なら丈夫な細胞壁やアルカロイドなどの毒で体を守る防御の機能も必要になる。

以上の機能はみな生き延びるための機能であり、これらをまとめて広い意味での「栄養」と呼べば、生物の一生は、おおまかに言って「栄養の時期（この間に成長もする）」と「生殖の時期（この間に子をつくる）」とに分けられると言ってもいいだろう。栄養の時期には法隆寺方式で体を維持し、さらに建て増しを行いながら生き延び、成長して子をつくれるほどの体力をつける。こうやってずっと続いていけるなら問題はないのだが、時が経てば体には直してもなおしても直しきれない「ガタ」が溜まってくるものだ。そこで今の体には早々に見切りをつけて伊勢神宮方式に切り替え、体の総入れ替えをする。それをやるのが一生の後半の「生殖の時期」である。

生物個体のもつ複雑な機能は、個体の維持（栄養）であれ生殖であれ、ずっと続いていくことに関係している。オルガニコンとは、個々の器官が全体の目的実現のために協調して働いているものだった（三二頁）。それに合わせて言えば、エネルギー供給に関わる消化吸収器官や循環器官も、餌を捕まえ・敵から逃げることに関わっている感覚器官や運動器官も、子をつくる生殖器官も、ずっと続くという大きな目的の実現に役立つように協調して働いているのが生物（オルガニコン）なのである。

環境変化の壁と有性生殖

生物は伊勢神宮方式を採用していると言ったのだが、厳密には違うところがある。伊勢神宮ではまったく同じコピーを作る。ところが生物の場合、子は親と似てはいるがちょっと違う。コピーをつくる際に有性生殖を行うから、コピーが原本と少し違ってくるのである。

生物も昔は原本通りのコピーをつくっていた。生物の歴史をたどると、最初に原核生物という単細胞生物が登場した。細菌（バクテリア）や古細菌の仲間である（単細胞生物とは体が細胞一個からできている生物。体が複数の細胞でできているのが多細胞生物）。単細胞生物は今でも自分の体を二つに割って子をつくる。つまり無性生殖により、自分と瓜二つのコピーをつくる。ところがその後に登場した多細胞生物では、個体に雌と雄という区別が登場し、雌雄の間で有性生殖を行う。その結果できてくる子は親と似てはいるが、ちょっと違ったものになる。もし「同じもの」が続くのが生物の究極の目的なら、子は親そのままのコピーであるべきなのに、なぜそうしないのだろう。有性生殖は無性生殖にくらべ、たいそう複雑な過程であり、その分コストがかかる。それにそもそも生殖するのに相手が必要なのだから、相手がみつからないで生殖できずに終わるリスクまで背負い込むのが有性生殖。わざわざそんなことまでして、あえて同じコピーをつくらないのはなぜだろう？

これには続くことに立ちはだかる第二の壁、環境が変化するという壁が関係する。この壁は同じコピーをつくり続けていては乗り越えられないものなのである。

生物とは、その置かれた環境の中で生きていく。生物の特徴として「環境に適応する」点が挙げられるが、適応とはその環境で生き続けること。環境には気温・降水量などのような物理的環境の他に生物的環境もある。「食う—食われる」の関係をはじめ、まわりの生物と密接なつながりをもって暮らしているのが生物であり、まわりの生物たちも環境である。そして物理的環境も生物的環境も、時がたてば変化する。気温や大気中の酸素濃度などは、長い地球の時間でみれば大きく変化してきたし、まわりの生物たちも変化した。たとえば新手の病原菌や寄生虫の登場も生物的環境の無視できない変化に含まれる。

環境が変われば、今の個体そのままのコピーが、新しい環境でも生き残れるかは保証の限りではない。ただし環境がどう変化するかは予測不能。そんな状況下でもこのさき生き残っていけるようにしたい。それにはどうしたらいいか。

コピーをつくる際に、今の個体とはちょっとだけ違うさまざまなコピーをつくったらどうだろう。いろいろなものがあれば、どれかは新しい環境中でも生き残る可能性が出る。ただし違えると言ってもちょっとだけ。環境は、親子の世代交代程度の短期間に大きく変わる確率は低いから、まったく違う子をつくると、そんな子は生きていけないだろう。親のコピーと言えるほどよく似ていながらある程度の多様性をもつ子を複数つくる。その仕組みが有性生殖なのである。

ここまでは環境が変わった後にも生き残るという、受け身の対応を考えたが、より積極的な対応にも、子というコピーに多様性をもたせることは役に立つ。いま住んでいる環境から違った環境へと進出してそこで生き残ることができれば、生息域が広がり、ますます生き残る確率は高くなるからである。移住しなくても、今までとは違ったものを餌にできるように変化した子が生まれれば、その分、そこで暮らせる子の数は増え、生き残り続ける上では有利になる。だからコピーの際に多様性を導入することには大いに意味がある。

有性生殖により子に多様性をもたせられるのは、同種の他個体が存在していることによる。同種というのは、有性生殖ができるほど互いに遺伝子も形質も似ていることを意味する。

かつてアリストテレスはこう書いた。《生殖することは……永遠なもの、神的なものにできる限り与るために自分自身のような他のものを作ること》（『霊魂論』）。永遠に続くのは神である。そういう完璧なものになりたいのが生物なのだとアリストテレスは考える（これは師のプラトンから引きついだ考え）。ただし神様と異なり生物は熱力学第二法則の支配下にあるのだから、個体が不死になることはできない。そこで個体を更新してずっと続いていこうとする。ただしその時、自己とまったく同じに更新したのでは続かない。自分自身に似てはいてもちょっとだけ違った他のものをつくれば続いていけ、永遠なる神に近づくことができる。それを行う手立てが有性生殖なのである。

この「自分自身のような他のもの」を、広い意味での自分とみなし、生殖を私が永続する手段として捉えようというのが本書の立場である。以下では、ずっと続く私を〈私〉と書くことにする。するとアリストテレスの言葉はこんなふうに言い換えられるだろう。「私を定期的に更新する。その際、私に少々多様性をもたせる。すると〈私〉はずっと続いていく」。

今の私は〈私〉の連鎖のひとつであり、今の私だけが〈私〉ではない。父母の私、今の私、子の私、孫の私……と、私、私、私と、私を渡していくのが〈私〉なのである。

これはまさにビオスとゾーエーのところで述べた真珠のネックレスのイメージだろう（三二頁）。個々の私という珠がビオス。それを貫いている糸がゾーエー（具体的に言えば〈私〉

の設計図であるDNA）。この糸が私から私へと伝わり、それを元にして同じような私が次々と誕生していく（ちなみにDNAの分子は糸状をしている）。そんな私の連なったネックレス全体が〈私〉なのである。

西田幾多郎も《真の生命は唯、個体にあるのではない、私は親から生まれ又私が子を生む所にあるのである、個体から個体が生まれ、個体が個体を生む所にあるのである》と言う（『哲学論文集二　種の生成発展の問題』）。

生物は私を渡し続けることにより、ずっと続いていく。ただし永遠にというわけにはいかない。生殖のたびに少しずつ違っていくのだから、長い間には最初の私とはかけ離れたものになり、別の種になってしまう。こうして進化により多様な種が誕生し、生物全体として多様な環境に適応できるようになってもきた（だからこそ生物は三八億年もの間、絶滅せずに続いているのである）。種が変わってしまえば元の〈私〉は永続していることにはならないが、これは致し方ないところ。種の寿命は数十万年〜千万年とも言われている。「千年も万年も生きたいわ！」というのが当面の願いだとすれば、その一〇倍以上も〈私〉が続けば、熱力学第二法則の働いているこの世においては、まあよしとすべきだろう。

多様性と共通性が見られることが生物の特徴であり、学習指導要領（文科省が決めた小・

中・高で教えるべき項目の基準）でもこれについて高校生物で教えることになっている。もともと同じもののコピーだから生物には共通性がある。そして変わるようにコピーしたのだから多様性が出る。生物に見られる「多様性と共通性」は、こうして生じたものなのである。

そしてその二つは、ずっと続いていく方策の結果だと見ることができる。

〈コラム〉遺伝子は親子で半分以上同じ

子がもっている遺伝子は二セットあり、それらは有性生殖の結果、父から一セット、母から一セット受けついだもの。ということは、単純に考えれば、父から見ても母から見ても、遺伝子の半分しか子には伝わらないのだから、「子は私だ」と言われても、「たった半分しか同じじゃないから、それはおかしい」とお感じになるに違いない。ところが子の遺伝子は、半分以上が親と同じなのである。

遺伝子は染色体の上に並んでおり、染色体はヒトの場合二三本が一セットで父親由来、もう二三本が母親由来で、計四六本。セット内の染色体はそれぞれが特有の形をもち、一番から番号がふられている。同じ形質に関する遺伝子はどちらのセットにおいても同じ番号の染色体上の同じ位置（遺伝子座）に並んでいる。ある遺伝子座を占める遺伝子には数種類のよく似たものがある場合があり、その場合、それらを対立遺伝子と呼ぶ。すべての遺伝子座が対立遺伝子

をもつわけではなく、また対立遺伝子の存在する遺伝子座であっても、たまたま父と母が同じ対立遺伝子をもっていたというケースもある。ということは、父母において遺伝子はすべてが異なっているわけではなく、かなりのものが同じ可能性が高い。だから子の遺伝子は半分よりもずっと多く親と同じものになるのである。遺伝子が同じかどうかを定量的に見るならば、子は半分以上私。多数決の世の中なのだから、子は私だと言ってかまわないだろう（そのくらいアバウトに見るのが本書の姿勢である）。

二つのセットの対応する遺伝子座が異なる対立遺伝子をもっている場合、生物の形質を決めている方を優性対立遺伝子、形質に影響を与えない方を劣性対立遺伝子と呼ぶ。劣性対立遺伝子の形質が表れるのは、二セットの両方が劣性対立遺伝子をもつ場合だけである（劣性とは性質が劣っているという意味ではなく、形質として表れずに隠れているという意味）。生存に欠かせない重要な遺伝子においては、それに少しでも異常があれば生きて行く上で不都合が起こるから、異常な形質を生じる優性対立遺伝子がたまたまできてしまっても、それをもつ個体は生き残れず、その遺伝子もろとも淘汰されてしまうだろう。異常な遺伝子が劣性ならば、二セットともその異常なものをもつケース（近親交配だとこういうものが出やすい）以外は、正常な方の対立遺伝子の働きでカバーされるから生き残ることはできる。こうして遺伝子に二セットあることにより、遺伝子に変異が起きてそれが今の環境に適さないものであっても、劣性ならばその遺伝子は伝えられていく。こういう、今の環境では役に立たない変異した遺伝子を、私の中にいろいろと時間をかけて蓄えてあるからこそ、いざ環境が変わった時に、変異のストックの中から新しい環境に適応した形質をすぐに発現させて〈私〉は続いていくことができる。一セットずつの遺伝子を両親から受け取り、それに優劣の違いのある有性生殖の仕組みには、このような意味も存在するのである。

生殖

生殖とは、生物の個体が新しい個体を生産することである。単に「生」むだけではなく数を「殖(ふ)」やす。英語で生殖はリプロダクションで、これは広く「複製」を指す言葉。動詞形のリプロデュースは生殖する以外に、再現する、複製する、複写するという意味がある。分解すれば「リ+プロデュース」(再び+生産する)。コピーをつくることがリプロダクション生殖である。

ここでどれだけ殖やせばいいか、つまりつくるべきコピーの数について考えておこう。それなりの数がなければ、多様な子を得ることができず環境の変化に対処しきれない。また、環境が変わろうと変わるまいと、コピー数が少なければ食われたり事故にあって全滅したりする危険もあるのだから、子だくさんが望ましい。生物学では子の数の多い個体ほどより適応しており、こういうものが子孫を増やしていって進化が起こると考える(より正確に言えば、生き残って生殖活動に参加できる子の数)。つまり子の数を増やすのが生物にとっての至高の価値だと考えるのがこの見方であるが、数を増やすことが至高だとすれば、どんどん増えて行った先は、限られた資源を食いつぶして絶滅するしかなくなってしまう。だからこそ本書では数ではなく、ずっと続くことを生物にとっての至高の価値だと考えるのである。

子をつくるには資源が必要で、資源には限りがある。限られた資源をどう使うかについては、考えるべきことが二つあるだろう。一つは親と子の間でどちらにどれだけの資源を配分するかであり、もう一つは資源を複数の子の間でどう分けるかである。

まず前者について考えよう。一生の後半の時期である生殖の時期において、決まった量の資源の中で、その多くを子づくりに振り向けようとすれば、親の個体維持に当てる資源が少なくなり、その結果、親の体には急速にガタが来るだろう。また、子を生む期間が長くなれば、それだけたくさん子を生めることにはなるが、長く生きればその分、体には直しがたいガタが溜まってくるものだ。生殖装置にガタがきてしまえば、欠陥品を生みやすくなる。生まれてきた子が成熟前に死んでしまうような欠陥品なら、〈私〉の継続という観点からすれば、その子に投資した全資源が無駄になる。だからそんな恐れが出てきたら親は生殖活動を打ち切りにする方がいい。

打ち切るだけではまだ不十分。打ち切った後も親がそのまま生き続けると、食物をはじめとして子の使うべき資源を親と子が奪い合うことになり、その結果、子が丈夫に育って生き残る確率が下がり、結局はその子が生む子（つまり老いた親から見れば孫）の数が減る。これでは〈私〉の存続は期待し難い。そこで思い切って個体の一生を区切り、前半を「栄養の時期」（ここでは親にだけ資源を配分する）、後半を「生殖の時期」（ここでは主に子に資源を配分する）に分け、生殖の時期には生殖に全力投球した上で親は力つきて死ぬ。これが生物個体の一般的な一生の設計になっている。

必ず死ぬという生物の特徴は、有性生殖とともに登場したものである。無性生殖の場合には体を分裂させて元と同じものが二つになるから、二つの一方を元の親個体とみなすなら、分裂し続けていれば元々の親個体はずっと続いていき、死ぬことはない。有性生殖により初めて死が導入されたのである。子は親と似てはいても異なっており、異なることにより環境の変化に向かい合っているのが子なのだから、古くてガタが来て新しい環境には向き合えない親に対して資源を配分して長生きしてもらうよりは、資源の配分をやめてすみやかに消えてもらう方がいい。つまり個体に死を導入し、そのかわりに〈私〉の永続によって死を克服したのが有性生殖だと見ることができる。

〈コラム〉月と不死

ネフスキー（二〇世紀初めに来日したロシアの言語学者・民俗学者）は沖縄の宮古島で民話を採集し、「月と不死」という名論文を書いた。月は欠けていって尽きてしまう、つまり死ぬ。そしてまたよみがえって満ちていく。宮古の人は、月の満ち欠けに不死を見ていた。ただし、不死とは死がないことではない。死んでよみがえり、また死んでよみがえりを繰り返しながらずっと続いていくのが不死。じつにあざやかに生物の本質をとらえた見方だろう。沖縄には日本の古い考えや風習が残っているが、この不死の思想が昔の日本人の生命観であり、これが伊勢神宮の式年遷宮にも反映されていると私は想像している。

大きな子を少数か、小さな子を多数か

有性生殖を行うものには雌雄の別がある。卵をつくる個体が雌、精子をつくるのが雄。卵とは大きい方の配偶子、精子が小さい方の配偶子である（配偶子とは、異なる配偶子と合体することにより受精し、それが個体へと発生していく生殖細胞のこと）。配偶子は育っていくための栄養を親からたくさんもらっている方がよいから、大きいに越したことはないのだが、受精するには配偶子同士が動いていって出会わなければならず、大きいと動きにくい。そこで

栄養をたっぷりもらった大きな配偶子（卵）と、遺伝子を卵へと運ぶことに特化したスリムな精子と、二種の配偶子をつくるようになり、多くの動物では、卵をつくる雌と、精子をつくる雄というように個体に雌雄の別が生じた。

卵は大きいのだが、大きさには違いが見られる。子に投資する資源量が決まっている場合、それを使って小さい卵をたくさん生むのがいいか、大きな卵を少数生むのがいいのかの選択が、卵の大きさに影響するからである。

大きい卵は親からたっぷりの栄養をもらっており、生まれ出る子は大きくて体力がある。だから大きい卵の方が生き残る確率は高くなるのだが、数が少ないから子全体としての多様性は低く、環境が変化したら全滅の可能性がある。そこで、子の多様性が低くても大丈夫な状況（つまり環境が安定してずっと同じ状態の続くことが期待できる状況）では大きな卵を少数生む方がよい。逆に不安定な環境下では、小さな卵を多数生むのがよい。

じつは良い環境がずっと続くようなら、無性生殖により、自分と全く同じコピーをつくるのが、一番面倒がなくていい。実際にそんなふるまいをする動物もいる。ミジンコは環境の良い時には無性生殖を行い、環境が悪化すると有性生殖に切り替える。

環境変異

有性生殖において、子は受精卵という一個の小さな細胞から出発し、体を新たにつくっていく。両親の遺伝子を混ぜ合わせて体を一からつくり直すのだから、こうせざるを得ないのだが、その代償は大きい。体の小さい時期を経る必要があり、小さいとは死にやすいことなのである。

体が小さいうちは運動能力も低いから、餌をとる能力も捕食者から逃げる力も十分にない。そもそも体が小さいものは敵に食われやすい。一般に、捕食者は自分よりも小さなものを餌にするからである。また、小さいとは体積当たりの表面積が大きい、つまり外界に接する面積が大きい（一七七頁参照）。だから水質の変化や寒暖・乾燥などの外界の好ましくない変化をまともに受けてしまう。一言でいえば、小さければ体力がなく死にやすいのである。実際、きわめて多くの動物では、生まれた子のほとんどは小さい時期に死んでしまい、ごくわずかのものしか親にまで成長できない。これだけの不利な点を抱えながらも、変化する環境に対処するためには、遺伝子を混ぜ合わせて小さな受精卵から体を新たにつくりなおすというやり方をとらざるを得ないのだろう。ただしこのやり方を採用すると、環境が変化することへの対策として、有性生殖により遺伝子を混ぜ合わせるのとは違った対策がとれるようになる。それが環境変異である。

もっている遺伝子のセット（遺伝子型）が同じものであっても、育つ環境が違えば、遺伝子型が形質として表れたもの（表現型）に変異が生じる（変異とは兄弟姉妹など同じ起源の仲間のあいだで見られる形質の違いのこと）。この変異が環境変異と呼ばれるものである。環境の影響を大きく受けるのはおもに発生の段階である。受精卵は発生に従ってどんどん形ができていくが、同じ遺伝子型であっても、どの遺伝子が発生のどのタイミングでどれだけの期間働くかは環境で変わり、それによりできてくる形質が変わる。こうして遺伝子そのものを変化させなくても、変化する環境に、ある程度は対処できる。ただしこの対処はその個体でのみ有効。遺伝子そのものに変化はないのだから、その変異は親から子へと遺伝することはない（これに対して、遺伝子が変化して生じる変異を遺伝的変異と呼び、これは子へと遺伝する）。

環境変異の顕著な例を見ておこう。季節で形質の変わるチョウがいる。イチマツシロチョウ。夏に羽化した個体は、春のものに比べて羽が白い。白いと太陽光を反射して体の過熱を防ぐことができる。春の黒い羽にも利点がある。黒ければ多くの光を吸収して体を暖め、気温の低い時にもすぐに飛び立つことができる。色の変化には日照時間の長さと気温が影響する。

捕食者の有無という環境の違いで形質の変わるものもいる。カメノコウワムシは、捕食者のいる環境で育つと棘がより長くなり身を守る。これは捕食者であるフクロワムシの体からにじみ出る化学物質への反応である。

個体数が増えすぎると形が変わり、行動も大いに変わるのが有名なサバクトビバッタ。個体数が少ないときに生まれるバッタは短い翅(はね)をもち、単独行動を好む。数が増えて混み合い、他個体と体が接触する時間が長くなると、生まれる子の形が変わる。羽が体長に比べて長くなり、群れをなして飛び立って新たな餌となる植物を求めて移動する。

ヒトの例もあげておこう。母親の栄養状態が悪く、そのため胎児が飢餓を経験すると、その子は栄養をため込む体質になる。これは飢餓状態への適応で、食物不足下では有利な体質である。ただし、食物不足が改善されると肥満(生活習慣病)になりやすい。

以上の例では、環境がどう変わるかの予測があらかじめつくものである。日射の強弱、捕食者の有無、個体数の多寡、食物の多寡、これら二つの異なる環境が予測されており、そのおのおのへの対処法があらかじめ用意されているのが以上の例。変化する環境に対し、どんな変化かある程度の予測のつくものは環境変異で、予測のつかないものは遺伝的変異でと、柔軟に環境の変化に対応できるシステムを開発したのが生物であり、これも三八億年の長きにわたって続いていることに寄与したに違いない。

第三章　種と生物の分類

前章で見たように、まったく同じにはあえてしないで、多様性を導入するところが生物の特徴である。〈私〉は多様。また同じ種にも雌雄という多様性があり、かつ同種といってもみな顔つきが違う。遺伝子が少々違う仲間がいるからこそ有性生殖で多様な〈私〉がつくれるのである。そして〈私〉に多様性を導入した結果、何百万もの多様な種が生まれることともなった。受精卵から親へと成長するため、同じ個体であってさえ成長の時期により違いが出てくる。環境変化という多様性もある。生物は個体、〈私〉、種内、種間とどのレベルで見ても多様なのである。これほどの多様性を前にしては途方に暮れてしまうのだが、そこを何とかわれわれの限られた容量の脳でも処理できる形にまで整理するのが分類学という学問で、分類の基本になる単位は種（しゅ）。本章では種の分類について見ていくことにする。それにより生物とそれを扱う生物学がもつ独特の特徴が顕わになるからである。

生物の分類

生物分類学の父と呼ばれているのがカール・フォン・リンネ（スウェーデン、一八世紀）。彼は形がどれだけ似ているかを基準にして生物を分類した。個体は皆、それぞれが他と違っているものだが、圧倒的によく似ている個体同士を同じ「種」としてまとめた。種が分類の最小単位である。英語で種はスピーシーズ、リンネが使った原語（ラテン語）ではスペチエスで、これはスペチェレ（よく見る）という動詞の名詞形。つまりリンネは、よく見て種を決めたのである。ただしスペチエスには「種」以外に、中世神学では「可知的形象」という意味もあり、これは「知性で認識される事物の似同性」である。トマス・アクィナス（一三世紀イタリア生まれ、キリスト教とアリストテレス哲学を統合した大神学者）はこれを《知性がそれにしたがって認識するところの形相》（『神学大全』）と言っているとのこと。だから種は、目でもよく見るし「精神の目」でもよく見てどれだけ似ているかにより決めるものなのだろう。ちなみに「種」という漢字は禾（作物）＋重、《重みをかけて地面におしこんでうえる》という成り立ちの字で、植物の種（たね）やうえることを指し、また種は《同一のもとから生じ、ある共通性を有することによって他と区別されたなかま》〈岩波漢語辞典〉の意味ももつ。「見る」が基本となっているスピーシーズは形態にもとづく種（形態的種）であるのに対し、訳語の方は由来や血統を重視するのだから生物学的種（後述）の意味合いをもつと言えるだろう。

　リンネはこうして種を決めた上で、さらに異なる種同士を見くらべ、似た種をまとめて「属」という一段上の大きな単位にくくった。さらに属と属とを見くらべ、似た属をまとめてより上位のグループである「目（もく）」にまとめ……と、どんどん上位の階層のグループにまとめていった。これが階層分類である。最下位の階層が種。現在ではその上に順に、属、科、目、綱、門、界、ドメインという階層が積み上がった分類体系が使われている。

具体的にヨーロッパヤマネコという種（家庭で飼われているイエネコ）が階層分類ではどう位置づけられるかを見ておこう。真核生物ドメイン、動物界、脊索動物門、哺乳綱、ネコ目（食肉目）、ネコ科、ネコ属、の中のヨーロッパヤマネコという種。

このような方式は入れ子方式とも呼べるやり方である。いくつかの種が一つの属の中に入っており、その属は、他の属とともに、科の中に入っておりと、次々に入れ子になっている。たとえばネコ属には他にジャングルキャットやクロアシネコなどがおり、ネコ科の中には、チーター属やヒョウ属（この中にライオンやトラも入る）などがあり、ネコ目にはネコ科の他にイヌ科・クマ科・アザラシ科などがある。

入れ子方式はコンピュータファイルの整理・分類でも使われているからおなじみだろう。この方法をとると、ある特定の情報を全体の中から取り出すことが容易になるし、全体像がつかみやすい。

形態的種

リンネ以来に限っても三〇〇年近くわれわれは生物を記載・分類してきた。それほどの歴史があるのだが、地球上に生存している種の、まだ数十分の一ほどしか発見されていないと言われている。研究は長らくヨーロッパ人が行ってきたのだから、どうしても他の地域の生物の研究は手薄になる。陸で一番種の多いのは熱帯だし、また生物の歴史が長くさまざまなものがいるのは海の中で、こういう地域・海域（特に深海）はまだまだ研究不足なのである。

すでに発見され名前のついた生物に関してでも、種の数や属の数は研究者によって異なるし、どれをどの分類群に配置するのかにもいろいろと意見が分かれている。こう言うと、分類学とはなんとなくいいかげんと思われるかもしれない。だが自分自身を見て欲しい。われわれはヒトという同じ種だと称していても、顔も形も性質もそっくり同じではない。個体差や性差や年齢差で大いに違う。本当に同じ種なのか、どこまで似ていたら同じ種と言ってよいのか、判断に困るはずだ。生物は数百万種以上の多様なものがいるが、種のみならず、種の中までも多様なのが生物。多様さが生物の最たる特徴なのである。だからこそ生物は面白いのだが、多様さに溺れていては学問にならない。学問は多様さの中に、共通性・普遍性を認めるものである。そこで生物の共通性を考えることになるのだが、この多様さの前では共通なのはどこなのかと、とまどいを感じざるを得ないだろう。ここが生物学の難しいところである。

リンネは個体差があっても圧倒的に形の似ているもの同士を同じ種と認めた。このような形態に基づく種が「形態的種」である。現在では目に見える形以外にも、染色体の形や数、アミノ酸配列や塩基配列がどれだけ似ているか（類似度）なども分類の基準に使われている。これで実際上、分類作業を進められるのだが、どれだけ似ていれば同じとするかの線引きが研究者によって異なってくるのはいたしかたないところ。あいまいさが出るのが形態的種なのである。

生物学的種

形態的種には問題があるため、現在主流になっているのは「生物学的種」。これは「互いに交配して子孫を残す自然の集団」に属するものを同じ種だと認めようという考えである。種を区別するのに生殖を使うのが生物学的種。これなら生まれた子の姿かたちが少々親と違っていても「カエルの子はカエル」と言えば済む。「トンビがタカを生む」ことは決してないから悩むところはない。

ただし現実の分類において、生物学的種がいつでも使えるわけではない。多くの種はまれにしか目にすることのできないものであり、一個体みつけるだけでも大仕事。互いに交配しているかどうかを確かめるなど、とてもできない。だからあいわらずほとんどの生物は、形の類似度で種が決められており、それゆえ研究者によって種と別種の線引きの基準がかわり、結局、種の総数も変わってくることになる。

それでも、種にはそれなりにきちんとした定義があるからまだいい。さらに上位の分類群になると、類似度がこの程度なら同じ科とし、違ったら別の科とするという客観的な基準が存在しない。また、綱や目や科という分類のレベルが設定されているが、どの程度大きく異なっていれば科ではなくより上位の目というレベルを採用するかという基準もない。だから研究者により、同じグループを目としたり科としたりと、違いがしょっちゅう出てくることになる。

ここまで述べてきて、おや？　と疑問に思われた方があるかもしれない。生物の分類は、基本的には形態をもとに行うものである。ところが種に関してだけは、生殖という、似る・似ないとはまったく異なる観点から種を分けている。分類の原理が種だけ異なっており、分類法が首尾一貫していない。学問として見ればこれは美しさに欠ける。

種だけ違うのは、種が現実に存在しているものなのに対し、属以上のカテゴリーは人間が考えてつくった概念だということに由来する。われわれは習わなくても、ある年齢になればその気になってきて、それらしい相手をみつけて子供をつくってしまうものなのだ。この相手なら自分の子供をつくってくれると直感する、つまり同じ種だとわかってしまうのである。「直感」は個体のレベルで働くだけではない。ほとんどの卵は他種の精子を与えても受精しない。配偶子のレベルで同種か他種かの区別を行っている。だから種という仲間は、動物自らが決めているもの。ところが属以上の高次の分類群は、形がよく似ているから仲間だろうと人間が勝手に決めた概念であり、動物たちは同じ属だから仲間だなどとは、まったく思っていないだろう。多様な生物たちの間に、人間の理性が勝手に線を引いて区別したものが高次の分類群なのであり、自然界にこのような区切りが実在しているわけではない。

結局、理論（理性の産物）を押し通すだけでは現実を処理しきれないところが、生物学のやっかいなところ。個々の実在としての種の定義は個々の生物たちに任せ、そのバラバラに存在している種たちを理性により統一的にまとめ上げていくのが生物分類学のやり方なのである。

種は個物と普遍をつなぐ

そもそも実在物は一つひとつが他と異なる個物であり、個性に満ちており、安易な普遍化を許さない。そういう個物たちから、その共通点を抽出して、たとえば「ヒトという種」の概念をつくり定義を与えようとするのだが、生物は多様なのが最大の特徴であり、ヒトにどんな定義を与えても、必ず例外がでてきてしまう。だから生物という実在物を定義することはできない。定義できるとは、典型的なヒトという、共通性だけをもつ定義そのままのものが存在するということである。定義は人間の頭がつくった概念であり、頭の中の理想的なもの、ロゴスでありイデアなのである。だからこそ、例外を排除した普遍的なものを考えることができるわけだ（たとえば分子や原子のように。酸素分子はイデアであり個性はない）。ただし普遍的なものなどは実在しないとアリストテレスは言う。《「普遍」は無であるか、さもなくば（個別より）後のものである》（『霊魂論』、後のものとは、個別が先にあり、それをもとに後から頭で考えられたものという意味）。

生物の分類に発生過程を用いた元祖は、じつはアリストテレスだった。彼も形をもとに種を決める（『動物誌』には、全体の形も部分も、体の内部の構成〈筋肉や骨〉も同じものを同じ種だとする旨のことが書かれている）が、これだけでは、どれだけ似ていたら同じとするかの問題が生じるのは先に見たとおり。そこで彼は「人は人から」「人が人を生む」と言う。人間から生まれるのが人間なのである。顔つきや性格がけっこう違っていても、人間から生まれればすべて人間。これであいまいさは解消できる。ちなみに入れ子方式の分類も彼は行っており、さすが「万学の祖」と言われるだけのことはある。

種は個物ではないが、幸いなことに、実在物である個物が、人は人からというやり方で共通性を提示してくれているものが種という単位。だから人間が勝手に頭で考え出したものではなく、自然界に実在する普遍的な単位とみなせるものだろう。個物（実在）と普遍（概念）とをつなぐのが種（実在かつ普遍）。これは希有なものであり、だからこそ、種を生物学では重視するのである（物理学には普遍と個物をつなぐ種のような実在は存在しない）。

アリストテレスの分類とリンネの二名法

分類法の元祖はアリストテレスである。彼は一般的な分類法を考えた。それがリンネにより生物の分類に応用され、今も使われている。

スピーシーズ（種）に対応するギリシャ語は「エイドス」。これも見るという動詞に由来する言葉で、見られたものの意。物の姿かたちのことであり、そこから派生してさらに種別や本質という意味にも用いられる。このエイドス。物を分類する場面では、「種」という訳語が当てられるが、それ以外では「形相」という別の訳語が使われている。種エイドスは物の分類の場面では、個々の個物を共通点でまとめ上げる最小の単位である。そしてその種を、それによく似た種と一緒にしてさらに大きなくくりでまとめ上げる一段階上の分類単位がゲノス（英語でジーナス、仏語ではジャンル）。生物分類においてゲノスは「属」と訳すが、哲学では「類」という訳語が当てられる（哲学者と生物学者が別々に訳語を決めたため）。

動物というゲノス（類・属）に、人というエイドス（種）が含まれている。つまり入れ子になっているのが類と種の関係。そして動物は生物だから、今度は動物を種とし、生物を類とすると、もう一段上位の入れ子関係になる。こうしてどんどん入れ子関係にまとめていくアリストテレスのやり方も、リンネの分類に採用されている。

リンネの（そして現在の）生物分類においては、種に学問的な名前（学名）をつける。なぜなら種の呼び名は言語により異なり、共通の名がないと学問を行う上で不便だからである。学名はラテン語で二名法を用いてつける。ヒトの学名はホモ・サピエンス。ホモが属の名（名詞）で人間の意味、サピエンスが賢いという形容詞。「賢い人間」がわれわれの学名である。この「賢い」は、人間という種が他のホモに属する種と異なっている点（種差）を表す形容詞である。「属名（名詞）＋種差（形容詞）」と二つ並べて学名を作るのが二名法。たとえばホモ属（ヒト属）に属する種は、今はヒトしかいないが、かつてさまざまな種が存在した。ネアンデルタール人はホモ・ネアンデルターレンシス（ネアンデル谷の人間）、ホモ・エレクトス（直立した人間）等々。

この二名法もアリストテレスから引きついだものである。ただしアリストテレスの二名法は種の名付け方ではなく、種の定義の仕方である。属の名をまず上げ、この属に属する他の種とこの特定の種はどう異なっているかを形容する言葉を属名につけることにより種を定義する。たとえばヒトは「動物・二本足の」、つまり「動物（類）＋二本足の（種差を表す形容詞）」として定義できる。この定義はアリストテレスの師プラトンが用いたもの。アリストテレスもこれを用いるが、他に「動物・ロゴスをもった」という定義も使っている。ロゴス、すなわち理性をもったものが人間。人間だけが理性的霊魂をもつとアリストテレスは考えた（一三四頁）。ロゴスはまた言葉を意味し、言葉でコミュニケーションをとりながら社会生活を営むのが人間だという認識がアリストテレスにはあり、「動物・ポリス的な（市民社会的な）」という言い方もする。

アリストテレスはこのやり方を、生物に限って用いたわけではない。たとえば青銅の球ならば定義は「青銅・球形の」となる。青銅は球を作っている材料（質料、ヒュレー）であり、その材料を用い、球形という形の要因（形相、エイドス）が働いて青銅の球を作りだしている。質料因よりは形相因に重きを置くのがアリストテレスだから、形相(エイドス)の方が青銅の球の本質(エイドス)であり、そうやって決まっているのが種(エイドス)だというのが彼の考えである（質料因や形相因については八九頁参照）。そこで《定義が種差からなるロゴス（説明方式）であることは明らかである》（『形而上学(けいじじょうがく)』）となる。このロゴス（言葉）が名前として使われるようになるのはごく自然のことだろう。

リンネ以前にも、アリストテレスのやり方を踏襲し、「属名＋種差」で学名をつけることは行われていた。ただし種差といっても、一言で他のものとの違いを言い表してその種を定義することはなかなかできないから、形容詞をずらずらと並べた種名がたくさん作られてしまった。これでは「じゅげむじゅげむ」でまことに使いにくい。そこで名前が定義を兼ねるのはやめにし、種差の形容詞は一つに限るという命名規約を設け、現在の使いやすい学名に整備したのがリンネである。

数を重視するのが近代科学

リンネの分類法の使いやすさは名前の付け方だけに限らない。リンネは植物の分類で世の注目を浴びたが、それはおしべの数により分類するものだった。一おしべ綱（スギナ）、二おしべ綱（サルビア）というふうに。このやり方は数をかぞえるだけだからきわめて簡便明確。

この数に注目するところに近代科学の特色が出ている。ガリレオ・ガリレイ（一六―一七世紀イタリアの科学者）は《この最も壮大な書物（すなわち、宇宙）……は、数学の言語で書かれており》（『偽金鑑識官』、次の引用も）と考え、量を計ってその関係を数学的に記載する近代科学の方法の基本を築いた。

ガリレオは数や形や運動などの性質は、感覚器官を通してわれわれが感じる性質（音や匂いなど）よりも、外界の実在物に備わっている性質を直接反映したものだと考えた。《耳、舌、鼻をそぎとってしまったら、形、数、運動はたしかにのこりますが、匂いも、味も、音もまったくのこりはしない》。

この性質の違いはジョン・ロック（一七世紀に活躍したイギリスの哲学者）により一次性質と二次性質として、より明確に区別された。一次性質とは形・数・運動・大小・時空位置など。二次性質は色・音・味・匂いなどで、人間の感覚器官を通してのみ現れる見かけの性質である。たとえば人間の場合、色の種類を感じる錐体細胞を三種類しかもっていないが、鳥には四種類あるから、人と鳥では感じている色は当然違っているだろう。また、われわれには白としか見えない花も、紫外線の見えるハチには色が着いて見えているに違いない。感覚器官を通して感じた世界はたんなる見かけのものにすぎず、そんなものにとらわれずに外界のものに直接備わっている性質を研究しなければならないと、近代の科学は考える。そこでリンネも分類に数と形を使った。花の色はわれわれにとってあれほど目につく形質であっても、分類には使わないのである（押し葉標本にすると、色が抜けてしまうことも相手にしない理由ではあるが）。

この一次性質・二次性質の区別のルーツは、またしてもアリストテレス。形・数・運動・大小などは、いろいろな感覚器官を通して感じることができるものである。たとえば数は眼で見ても、手で触っても、また場合によっては音を数えても分かる。だから数は特定の感覚器官で感じるというよりは、複数の感覚器官に共通する「共通感覚」だとアリストテレスは考えた。一つの感覚器官だけだとだまされるかもしれないが、複数の感覚器官がそうだと指し示すものは、その物自体に備わっている性質だと考えてもいいだろう。だから共通感覚が対象とするものはより確かだとするガリレオやロックの考えにつながっていったものと思われる。一次性質を、それもおもに数に注目するのが近代科学の特徴となった。

しかしここで注意しなければならないのは、その「当てにならない」昆虫の視覚を当てにして被子植物は花弁の色を決めているし、クジャクの雄は雌の「当てにならない」視覚を当てにして身を美しく着飾っているのである。だから感覚の世界を切り捨ててしまえば、生物の世界の大きな部分を見失うことになる。生物学と数学・物理・化学の違いについては次章でふれるが、これも違いの一つ。色を追放したのが数式を使う理論であり、《一切の理論は灰色で、緑なのは黄金なす生命の木だ》(ゲーテ『ファウスト』)。

「人は人から」から「〈私〉は〈私〉から」へ

この章を終えるにあたり、分類の話を下敷きにして〈私〉について再考しておきたい。「自分自身のような他のもの」を〈私〉と言い換えたのだが(四九頁)、これはアリストテレスの考えとは違う。四四頁に引用した霊魂論の箇所を再度引用すると《(生物は)そのものが存続するのではなく種において一つのものが存続するのである》と言っている。これを人間にあてはめれば、私が続くのではなく、ヒトという種が続いていくと彼が考えていたと読める(西田幾多郎も同様に考えていた)。現在の生物学では、種の維持のために個々の生物が行動するのではないとされている。自然選択によって選別されるのは個体(つまり私)であってヒトという種ではない。だから個体とその遺伝子をもつ子の存続が問題なのだと考えるのが今の生物学であり、種の存続は問題にならない。だから種の連続のために生殖するというアリストテレスは、現代から見れば間違っている。

ただしこれは、アリストテレスの言う「種」が、今の生物学の「種」と同じものだとすればの話である。彼の種の概念はずっと広く、彼の種を現代生物学が考えている種に限定する必然性はないと思う。

霊魂論において「種において一つ」とアリストテレスが言う時、彼が思い描いていたのは人間という種であることは確かだろうが、人間というくくりが、個々の個体をくくる普遍的な最小単位と彼が考えていたからこそ、こういう言い方になったのである。しかし遺伝子のつながりを重視すれば、私という個体を他の個体と一緒にくくる最小の単位は、血のつながった親子の系列という単位であり、それを本書では〈私〉と呼んだ。この普遍的最小単位である〈私〉が、私が私を生む過程を通して自然選択を受けることによりずっと続いていく。この〈私〉をアリストテレスの種だととらえれば、彼の考えは現代にも充分通用する。

リンネの種は人間が理性により決めた概念なのに対し、生物学的種は生物自身が「これは自分と同じ仲間だ」と決めている実在のものであり、単なる概念ではないと述べた。同様に

〈私〉も概念ではなく実在のものだと小生は考えている。理由は①親が、子の生存のためには自身の身を犠牲にする行動をとる例があり、そのような行動は子以外の他者に対しては見られないこと。②親子の交配や子同士の交配を避ける行動が、植物にも動物にも広く見られること。

①の例としてマダコの産卵行動をあげておこう。成長した雌ダコ（一―三才）は交尾して岩に卵を生みつける。卵は米粒大で柄により岩からぶらさがるように付着し、これが数万個まとまってちょうど藤の花のように見える（海藤花（かいとうげ）と呼ばれ食用になる）。雌ダコは生んだ卵のそばを離れずに守り、新鮮な海水を送って酸素不足にならないよう気を配る（発生中の卵はエネルギー消費量が高く、酸素を多量に使うため）。母ダコは哺育中食事をとらない。どんどんやせ衰えていき、（眼球の大きさは変わらないから）眼だけがぎらぎらした悲壮な相貌で卵を約一カ月間守り続け、無事に孵化するのを見とどけた後、死ぬ。この行動は、眼腺から分泌されるホルモンにより制御されており、眼腺を取り除くとタコは卵を見捨てて餌をとりはじめ、そのまま生き延びる。だから母は自分の命を縮めてまで、子が無事に育つように行動していると考えていい。この母ダコの行動は、私という個体以外に、子をも存続のための行動をとる対象として認めている証拠であり、本書では、存続のための行動をとる対象（つま

り私という個体と子孫）を〈私〉というグループとして設定したのだが、それはタコ自身が認めている実在のグループだと考えてよいのではないか。雌ダコの例をあげたが、雄のカマキリの場合は、交尾中に雌に食われて卵をつくる栄養になるわけで、雄も例外ではない。

②の例としてライオンの群れをみてみよう。雄と雌と、その息子と娘という家族で群れはできているが、息子は二―三才になると群れを追い出されるため、子供間での交配は起こらず近親交配が防がれている。

われわれは母親由来の遺伝子と父親由来の遺伝子との二セットをもっており、片方から受けついだ遺伝子が異常なこともままあるのだが、その不具合はもう片方が正常な場合には、その働きでカバーされることが多い（五二頁）。ところが近親交配を行うと二セットとも異常になる可能性が高まる。近親交配により機能の劣った子が生まれることを近交弱勢と呼ぶ。近親交配を避ける行動がみられるということは、きわめて似た遺伝子セットをもったもの、つまり〈私〉を他のものから見分ける仕組みが生物には備わっていると考えていい。雌雄同体の動物でも、自分の精子で自分の卵を受精させることはめったに起きないし、植物でも自家不和合性（自分の花粉では受精しないこと）が見られる。このように私という同一個体内でも「近親交配」は起きにくく、また、親子間でも子同士でも交配を避ける行動が見られるのである。交配しあうのが同じ種と定義されるものなのだが、その種の中に、交配しあわないけれど存続のために特別の配慮をするより親密な小グループが実在することを示しているのが、近親交配を避ける行動と言えるだろう。

生物学を離れてわれわれ人間のふるまいを見ても、血脈は特別のものとして重んじられている。卑近な例をあげれば、孫に対して特別な行動をとるのがオレオレ詐欺。オレオレと言われて祖父が大金を振り込んでしまうのは、孫のオレは俺だという思いがあるからだろう。祖先崇拝は日本人の信仰において重要な位置を占めているし、儒教における最も重要な概念である仁は親子の愛であり、この誰もがもつ愛をまわりの人間や自然にも拡げて考えるのが仁。儒教の基本は親子の血のつながりなのである。新約聖書は「アブラハム、イサクを生み、イサク、ヤコブを生み……」と四二名の名前がずらずらと書かれたイエスの系譜から始まる（ここでもう先を読む気が失せるのだが）。祖先崇拝を言わないキリスト教においても、イエスの血脈を重んじているのである。血のつながりは人間においても特別なものであり、血脈でつながるものを一まとめにして〈私〉と考えるのはごく自然なことだと思う。

以上をまとめると、個体（個物）はそれぞれ独自のもので、てんでんばらばらなのだが、それらを共通性（普遍性）でまとめる最小の単位は、一般に認められている種ではなく

〈私〉だというのが小生の主張である。

アリストテレスは「人は人から」と言った。これを言い直せば「人という種に属する個体は、人という種に属する個体から生まれる」となる。しかし永続性が問題になる場面では普遍的最小単位を〈私〉ととり、アリストテレスの言い方を「〈私〉は〈私〉から」(「〈私〉という普遍的最小単位に属する個体である私は、〈私〉に属する個体から生まれる」)と小生は言い換えたい。

人の定義はさまざまなものが考えられるだろう。だが人から生まれたものは、たとえ姿かたちが少々違っていてもみな人だというのは、きわめて明解な考え方である。それに倣い、私というものの定義もいろいろ考えられるだろうが、〈私〉から生まれたものはみな〈私〉だとすればきわめて明解。そしてこれが自然選択の単位となり、ずっと続いて行く。こういう〈私〉に属する個体である私の連鎖を〈私〉ととらえる考えに、「人は人から」と言ったアリストテレスは同意してくれると思うのだが。

第四章

生物学には「なぜ？」がある

生物についての学問が生物学である。二章の冒頭で「生物は、あたかも続いていくという目的をもつかのようにふるまう」と書いた。こんな生物と、そのような性質をもたないもの（＝無生物）とを扱う場合では、おのずとやり方に違いが出てくるだろう。その違いの一端を前章で見た。同じ理科（自然科学）という教科にまとめられてはいるが、生物と、物理・化学・地学では、学問のやり方が少々異なっている。さらにそこを見ることにより、生物の特徴を浮き彫りにしていきたい。

なぜ？と問えるのが生物学

《科学は『Ｈｏｗ』の疑問を解けども『Ｗｈｙ』に応ずる能はず》（夏目漱石『文学論』）

子供は「なぜ？」を連発する。《すべての人間は、生まれつき、知ることを欲する》とはアリストテレスの言葉だが（『形而上学』）、私たちの体の中には「知りたがりや」が住んでいて、それがまず口にするのが「なぜｗｈｙ？」。次のような会話はめずらしくないだろう。

子「なぜ物は落ちるの？」

親「地球には重力があってね、これがすべての物を地球の中心へと引きつけるからだよ」

子「なぜ重力があるの？」
親「すべての物には互いに引き合う力が備わっている。これが万有引力で、地球のもつ万有引力が重力。重いものほど引く力が強いから、圧倒的に重い地球に引かれて物はみな落ちる」
子「なぜ万有引力があるの？」
親「万有引力の原因はヒッグス粒子だということが最近分かってきたね」
子「ふーん。では、なぜヒッグス粒子なんてものがあるの？」
親「……」
なぜ？　という疑問は、それに対してどんな説明を与えても、その説明の根拠に対してさらに「なぜ？」と問える。なぜ？　とはものの起源を問う問いである。究極の起源、そのもののよってくる究極の存在までたどりつかなければ、なぜという疑問の連鎖に終わりは来ない。すべてのものの、そもそもの原因となるものをアリストテレスは神とする。
ちなみにキリスト教において重力はこんなふうに説明されていた。「神は愛であり、神がつくられたすべての物には神の愛が宿っている。だから愛の力で物は互いに引き合うのだ」（偽ディオニュシオス《六世紀のキリスト教神学者》の言葉をブロノフスキーが『知識と想像の起源』中に引用しているものを私なりに要約したもの）。トマス・アクィナスも《重さそのものは……ある意味において自然本性的な愛と言うことができる》（『神学大全』）と述べているそうだ。

なぜ？　とは、その現象の起こる根本原因を問うている。自然現象になぜと問う場合には、その原因となっている神の意図や目的を問うことになるし、人間の行為に対してなぜと問うたなら、その人の意図や目的を問題にする。そしてわざわざそのようにふるまっているのだから、神や人にとってそうすることには意味や価値があるはずだ。だからなぜ？　は意味や価値を問う疑問でもある。

近代の科学は神・価値・目的とは決別した。科学は神を持ち出すことを禁じ手とし、価値の世界と事実の世界とが断絶したのが科学なのである（コイレ『コスモスの崩壊』）。価値の世界ではなぜを問えるが、単なる事実の羅列の世界では、なぜとは問えない。そこで科学では、How？　どんなふうになっているのかを問うことになる。ある現象とはどのようなものであり、それが起きるのは、直近にどんな原因が働き、それがどんな仕組みを通してそのような結果を起こしているのか、つまり因果関係の直近の原因とそれが結果として現れるメカニズム（機構）を問うのである（コラム九三頁を参照）。

だから、先ほどの会話を書き換えると、

子「なぜ物は落ちるの？」

親「地球の重力が働くからだよ」

子「なぜ重力があるの？」

親「地球には物を引きつける力があるから。その力は、物の質料に比例し、物と地球の距離の二乗に反比例する。この関係を知れば、物がどう落ちていくかの様子は、計算で分かってしまうんだ。人工衛星だって打ち上げられる。理科ってすごいだろう！」

この会話。ｗｈｙに答えているのは直近の原因だけ。その後はｗｈｙに答えることをやめてｈｏｗへの答えにすり替えている。理科という教科は、子供の「なぜ？」という素朴でさまざまな不思議に開かれている疑問にはまともには答えられず、それをはぐらかし、狭い因果関係と機構にのみ疑問を絞らせざるを得ないからこうなってしまうのである。

ただし、理科にも例外がある。生物の分野である。

子「なぜ鳥の羽は平たくて大きいの？」

親「平たくて大きければ面積が広くなるね。広い面積の翼を動かすと、たくさんの空気を押せる」

子「それって飛ぶため」

親「そう。たくさん空気を押せば、その反動で飛ぶことができる」
子「なぜ飛ぶの？」
親「飛べば敵から逃げやすいし、餌を集める上でも有利」
子「なぜ敵から逃げたり餌を集めたりするの？」
親「敵に食べられないために逃げ、食べるために餌を集める」
子「なぜ逃げるの？　なぜ食べるの？」
親「どちらも生きていくためだ」
子「なぜ生きようとするの？」
親「それはね、そもそも、生き続けるようにできているのが生物なんだ。生き続けるのが生物の目的だから生きようとする。ぼくらだってそうだよ。シュバイツァーって人は、《われは生きんとする生命にとりかこまれた、生きんとする生命である》って言っているよ」（「わが生活と思想より」、シュバイツァーはノーベル平和賞受賞者で、アフリカで医療とキリスト教伝道に従事した）

翼という運動器官には飛ぶという目的があり、飛ぶのは敵から逃れるという目的があり、そして敵から逃れるのには、生き残ってずっと続くという目的があると、どんどん遡っていき、最後に究極の目的にまでたどり着いているのがこの会話。生物は、あたかも目的をもっているかのようにふるまうものだから、こんな会話が成り立つのである。

目的と進化

神と同様、究極の意志をもつかのようにふるまうのが生物。究極の目的・意志・内在的な価値（自身の内に存在する価値、自己の目的にかなうものには価値がある）をもつかのようなものが生物なのである。

生物がそうなったのは進化の結果である。ある期間存在し続けて自分のコピーを残すようにふるまうシステムが、地球史の初期にたまたま誕生した。そのコピーのうち、さらにより高い確率で生き残ってコピーを残せるものが残り、その中からさらにより高い確率で生き残ってコピーを残せるものが残り……と、少しずつ改変を繰り返すうちに、生物は存続のエキスパートになっていった。そして改変を繰り返していくのだから、オリジナルとは異なるさまざまな種が誕生することにもなった。それぞれの種がそれぞれのやり方で存続のエキスパートになり、皆、あたかも生き残って子孫を残すという目的をもつかのようにふるまっている。そういうものが現在見られる多様な生物たちなのである。

もちろん生物は意図的に目標を掲げて進化したのではないし、今も目的をもって行動しているわけでもない。長い進化の歴史を、現時点から私たち人間がふり返って見ると、より生き残るようにという目的をもって体をどんどんバージョンアップしてきたかのよう見えるだけである。これは最初から目的をもってこの世をお造りになったキリスト教の神とはまったく違うわけで、生物のように、進化の結果たまたま目的をもつかのようになった存在を、真に意図して目的をもつものと区別し、「目的律」をもつものと呼んでいる。長い目的律の歴史により、今や生物の最大の特徴は合目的律的なところであり、生命現象とは目的や価値や意味にあふれた世界なのだと言いたくなる事態に立ち至っているのである。

鳥を見て人間は飛ぶことを夢み、飛ぶという目的をもって意図的に鳥に似せた翼を作った。近年でも、翼の先端を垂直に曲げて短いウィングレットという構造をつけた翼が開発され燃費の向上に役立っているが、これは鷹の風切り羽をまねたものである。生物は合目的的な仕組みに満ちみちている。だから工業製品を作る際には、生物をまねることは大いに参考になるのである。これは工学だけの話ではない。たとえば薬の半数近くが生物由来の化学物質や、それをまねて人工的に合成したものである。多くの細菌や真菌は、競争相手である同類のものたちを撃退する物質をもっており、これをまねれば人間の病原菌に効く薬を開発できる。

また植物は虫に食われない物質を体に蓄えていることが多いから、その物質をまねれば、殺虫剤・防虫剤を開発することもできる。

工学において作製される製品には、必ず目的がある。作るにあたって、その製品はどのような性質・機構をもつ必要があるかを、目的に合わせて考えていく。そのやり方を逆に利用して生物の謎にせまる方法がある（リバースエンジニアリング法）。ある生物が、何に役立っているのか分からない器官をもっていたとしよう。それの役割を考える際に、その器官の目的を想像し、そういう目的をはたすには、どんな形・機構をもたねばならないかを考えてみる。そして想像どおりだったなら、この器官の目的はこれに違いないと、目的や用途を推測するのである（これを応用したのが伊勢神宮のところでの議論だった、四二頁）。リバースエンジニアリングを自分の体にあてはめてみれば、われわれの体は合目的な器官群で満ちたものに見えてくる。アリストテレスでなくても、生物をオルガニコンと呼びたくなるに違いない。

ただしアリストテレスは「こうなっているのは、しかじかの目的を生物がもっているからだ」と、目的を、ある生命現象の原因となりそれを説明するものとして捉えるが、実際にはそれとは逆で、そのような目的に見えるものをもつようになったのは自然選択の結果なのであり、生物に備わった目的とは説明の原因となるものではなく、逆に目的は、進化をとおしてできた形態や行動のもつ適応的な性質として説明されるべき対象なのである。そしてこの目的に見えるものは、人間（や神様）のもつ心理的な目的とは全く異なるものであることは言うまでもない。

生物の体があたかも目的をもつかのようにできていることは、誰の目にも明らかだろう。だがアリストテレスのように、その目的が最終的に神にまでたどりつくとする目的論は、現代ではとても受け入れられるものではない。カントは目的論を批判して、確かに生物には「合目的性」が備わっているが、これはただ生き残るという目的に適っているという意味であって、その目的を神にまでたどりつかせる必要は、必ずしもないとし、《目的設定の意志がはたらいていないにもかかわらず、意に適っているという意味で、カントはこのような合目的性を「目的なき合目的性」と呼んだ》（石川文康「カント入門」）。

一九世紀半ばにダーウィン（イギリス）の進化論とメンデル（当時オーストリアだったチェコ）の遺伝の法則の登場により、この合目的性は、進化の過程でできてきた遺伝プログラムを生物がもっているから生じていることが明らかとなった。そこでこの特別な合目的性を、ピッテンドリー（概日時計の研究者）に従って目的律性（目的指向性）と呼ぶことにしている。

生物は目的律を進化の過程で身に着けた。進化とは、その時点でより生き続けられるように変化する、つまりより適応するように変化することであり、この環境適応や進化が生物の大きな特徴である。また、進化により少しずつ変わりながら続いてきたため生物は独自の歴史をもつようになった。歴史をもつことも生物の特徴である。数学や古典物理学には歴史という考えや過去・未来という考えがない。

〈コラム〉アリストテレスの四原因説

「なぜ?」は、変化する現象に対して、なぜそう変わるのかと変化の原因を問うている。また、今そうなってしまっている物に対しても、何があったからそう変化して今のようになっているのかと、その原因を問うているのが「なぜ?」。

アリストテレスは原因として四種類のものがあるとした。①何を材料として作られるか（質料因）、②何へと形づくられるか（形相因）、③何が作用して作られるか（作用因）、④何のために作られるか（目的因）である。家を例にとれば、家はそれを作っている材料（質料）と家の形（形相）とからなっている。自然に存在する個々のもの（個物）は、形相と質料の合成されたものだとアリストテレスは見る。その二つに関連して答えるのが質料因と形相因。また、家は建築家の技術があってはじめて作れるのだから、建築家や建築術も原因の一つで、それが作用因。そして、わざわざ家を建てようとするのは、雨風を避けて快適に暮らすという目的があるためで、これが目的因。「なぜ」と問う時はふつう、この何のためにと目的因を問うているのだが、よく考えれば原因はもっと細かく分けられるというのがアリストテレスの考えである。一つ一つの原因をもう少しくわしく見ておこう。

①質料因　なぜそうなの？　との問いに、その物がある材料（質料）から作られていることに由来するのだという答え方。例、「なぜこの部屋は落ち着くのだろう？（落ち着くという変化を与えるのだろう？）——内装に木をふんだんに使っているから」。「なぜこの絵は陰鬱に感じるのだろう？——黒い絵の具をたくさん使っているから」。「なぜこのボールはよく跳ねるんだろう？——ゴムでできているから」。

②形相因（本質因）　なぜそうなの？　との問いに、そのものの形相がそうなのだからと答える。形相とは形や本質を指す言葉である。例、「いろんな形の家があるのに、なぜみな家と呼ぶの？——家の本質を持つように（家らしさ・家性があるように）作られているからさ」。

③作用因（始動因・起動因・動力因とも呼ぶ）　外部からの作用の結果として、そのものにある変化が起こった場合、その外部の原因を答えとするやり方。因果関係が見られる場合に、その結果を引き起こす直接の原因となったものを「なぜ？」の答えとする。例、「なぜ風邪が治ったの？——薬を飲んだから」。

④目的因　なぜそうなの？　との問いに対し、ある目的のためにそうなっているという答え方。例、「なぜジョギングするの？——健康を維持するため」。

以上の四原因のうち、現代の科学では作用因だけを「なぜ?」に対する科学的な説明の仕方として認めている。どうして他の原因は説明からはずすかというと、形相因（本質因）は、そもそも本質とは何かがはっきりしないから。質料因による説明は、ボールの例の場合には材料のふるまいは材料力学や分子や原子レベルの言葉で語ることができ、これは作用因への問いに変換できる事が多い。また、なぜ落ち着くか・なぜ陰鬱かなどの疑問は感情や美意識に関わる問題であり、こういうことに科学は手を出さない。そして目的因を言い出すと、結局神にまでたどり着かなければ終わりにならないから、これもヤメ。

というわけで科学は作用因だけを対象とすることになる。作用因の場合、外部のどの原因が働くとなぜそのような結果になるのかを詳しく追求していけば、そういう結果になる仕組み（機構・メカニズム）が分かってくる。だから作用因のみを問う場合には、なぜ？　という様々な答え方のできる疑問詞は避け、どんな仕組みが働いてそのような結果になったの？　と、メカニズムそのものを直接問いかける疑問詞であるＨｏｗ？　を使うのが良い。だからＨｏｗには答えるがＷｈｙには答えないのが科学なのである。

近因 vs. 究極因

一般の自然現象には目的はないが、生物だけは例外。「なぜ？　目的は何？」と問えるのが生物学なのである。そしてこれを可能にしたのがダーウィンの進化論。ここが物理・化学と生物学の大いなる相違点である。分子や原子には歴史がない。それに対して生物は歴史を背負って存在しており、その歴史の過程で、できるだけ生き残るという目的を身に着けた。すなわち自らの内に、目的にかなった行動をとるようにする情報が書き込まれた遺伝子を備えるようになった。きわめて擬人的な表現をすれば、自らの遺伝的プログラムにのっとって、自発的に自分の目的をもって行動するのが生物なのである。しかしこう表現すると目的論そのものに聞こえてしまうだろう。もちろん目的律の議論は目的論とは異なる。アリストテレスの目的論においては、究極の目的は何かとどんどんたどっていけば、最後は神にまでたどりついてしまう。だが、生物のもつ目的律の場合、たどり着くのは生物の目的である「ずっと続く」というところまでであり、そこは大いに異なっている。

目的律と名をかえてみても、生物学は目的因を追究すると言ってしまえば、目的論と大差はなくなる。このあたりを心配してのことだろう、目的律について雄弁に語っているマイア(鳥の分類学者で生物学的種概念の提唱者)は、目的因を究極因という言葉に言い換えている(「これが生物学だ」)。ついでに彼は作用因の方も近因と言い換える。近因は直近の原因、究極因はより遠くの究極の原因だという意味合いである。

究極因と近因では研究のやり方にも違いがある。近因はＨｏｗ？　という生物の機能に関する問いであり、その機能とは、遺伝的および身体的なプログラムによって制御されている生理・発生・行動の過程に関するものである。これはすべて因果律に従って起こり、分子レベルでみても細胞のレベルでみても、すべて物理化学の法則に従う。そのため近因から結果への因果関係は実験によりほぼ解明できる。

それに対して究極因はＷｈｙ？　に対する答えであり、現在、生物がこのような形でこのような行動をとっていることが、生き残ることに役立っていると納得できる説明を与えねばならない。これは長い進化の過程を通して出来上がってきたものである。そこで進化の過程を実験的に再現して、たとえばこの形のものは生存率が高くなると実証できればいいのだが、それはまず不可能。そもそもいつでもどこでも何度やっても同じ結果が得られるから実験が可能なのであり、一度きりしか起きなかった歴史的事象は実験の対象にならない。

そこでいろいろな生物を比較し、この形のものはこの環境では生き残りやすいのではないかと究極因を推測するのがおもな研究手段になる（比較解剖学や比較生理学と「比較」がつくのがそういう学問を行う分野）。おかげで、はた目には、色々な例を集めて喜んでいるだけにも見えやすい。そして生物は環境が変化するたびに、今のものに少々の手直しをしながら場当たり的に適応してきたのだから、それが最適な解決法だったとは限らない。そんなものをもとにして究極因を推測しようとすれば、かなり怪しげな推論になることもある。こういうのが研究の現状だから、これじゃあ「こんな切手もある、あんな切手もある」といって喜んでいる切手収集趣味と変わりないじゃないか、それにそもそもなぜと目的を問うて憶測を重ねるようなものは科学じゃないとして、生物学を科学から排除した大物理学者も存在した。

物理学者がこういう態度をとりたくなるのも、理解できないわけではない。アリストテレスとキリスト教という二大権威と闘って科学的自然観を確立したのが近代西洋科学である。アリストテレスは目的論の巨頭（彼は生物を神に近づきたいという目的や意図をもつものと考えたし、さらに生物以外の自然物も目的をもつとする）。キリスト教の神も目的を持って万物を創造されたおかた。どちらも目的に満ちみちた大権威なのである。両者との闘いがあまりにも激しかったおかげで、目的論に対する病的な拒否感を科学はもってしまい、それは今もって続いているとの意見があるが（米本昌平『時間と生命』）、工業大学という物理学至上主義者の牙城に長く勤務していた筆者としてはまことに同感。

物理や化学ならＨｏｗ？　だけを問うていればいい。物理や化学は大きな成果をあげ、生物の分野においても、生物を対象にした物理・化学である分子生物学が生物の理解を格段に進めた。そのためもあり、生物学もそればかりになったのが現状である。これでは生物の見方が大いに偏ってしまう。だからこそ本書では、ここまで生物の目的につき、えんえんと文字を連ねてきたのである。

理科教育について一言

君たちの日々の活動には、意味・価値・目的があふれているだろう。こうしたら成績が上がる、友達ができる、楽しい。親の世代なら、こうしたら儲かる、出世できる、よい暮らしができる等々、すべての行為には意図・目的があり、無意味・無価値なものはない。多くの行為は欲得ずくであり、その背景には、人間といえども、自分や自分の子供がよい生活ができ、その結果より生き残れるという目的が透けて見えるに違いない。そんな目的があるからこそ、君たちもいま頑張って勉強しているわけだ。また、他者の行為の目的を推測できるから他者と上手につきあっていけるし、社会現象も理解できるのであって、そのスキルを身につける上でも文科系の勉強は役に立つだろう。

ところが理科という教科においてのみ、意味・目的・価値を問うことは禁じられている。「何で理科だけこうも違うんだ」との違和感を、たとえぼんやりとではあっても感じているのではないだろうか。そこのところを教室で丁寧に対応してもらえたら理科の本質の理解につながり、また近年言われ続けている理科離れの防止にも役立つと思うのだが……。

これだけ豊かな社会になったのは技術（理科）のおかげである。ただし、いまや巷には物があふれ、物作りの有難味があまり感じられなくなった。あまつさえ原発事故により技術に対してマイナスのイメージまでが生じ、理科を学ぶ意義・意味を見出しにくい雰囲気になっている。その上、そもそも科学的に自然を見るとは、自然を無意味なものとして眺めるということであり、そんな眺め方は決して面白くはない。これでは理科離れが起きるのも当然と思われる。そんな今だからこそ生物という教科の出番ではないか。生物においては、文系科目同様、目的・意味・価値が存在する。生物ではＷｈｙ？　という素朴な疑問を発することができ、君たち生徒の立場からすると自然に勉学へと入っていける。もちろん生物も分子でできた物体であり、物理や化学の法則がそのまま適用できるからＨｏｗ？　という疑問も成り立つ。ＷｈｙからＨｏｗにつなげることや、Ｈｏｗというメカニズムの背景にある意味を考えることが可能なのが生物である。教育法として、生物を手がかりにして理科の面白さに目覚めさせていくのはよいやり方だと思う。だがその方向に向かう雰囲気は、教育の現場にも研究者の間にも感じられない。これは科学界・理科教育界に根強くはびこっている目的論に対する過度の忌避反応の結果だろう。

普通の理解では、目的・価値・意味は、心や脳が生み出すものであり、人間以外にそのようなものを想定しないのが大原則。そのため、目的・価値・意味は人間が関わる分野（文科）でのみ扱い、理科では扱わないときっぱり区別しているのが現実だろう。しかし生物の場合、脳や心があるとは思えないものたちでも、進化の結果、みな目的・価値・意味をもつかのようにふるまっている。それが生物なのだから、目的や意味を抜きにしたら生物と他の自然物との区別はなくなり、生物の本質が見失われてしまう。

注意深く扱えば、目的や意味を取り扱えるのが生物の世界。同じ理科といっても、生物分野は文科的な扱いもでき、またそうしなければならない特別な教科である。文科系人間と理科系人間との間では、コミュニケーションが難しく、大きな問題になってきた。生物学は理科の中では例外的に文科と共通点をもち、文科（意味に満ちた世界）と理科（意味のない世界）の架け橋になる可能性がある。君たちがこのような目をもって生物と生物学を学んでもらえれば嬉しい。

死物的自然観

自然から意味を剝奪し、単なる事実に還元してしまったのが理科である。このような近代の科学的世界観を大森荘蔵は「死物的自然観」と呼び、こう書く。《(死物的世界観は次のように自然をみる。)自然は死物的原子分子や電磁場以外のなにものでもない、と。原子分子や電磁場はただ幾何学と運動学の言葉だけで語られる死物なのである。その自然の死物観が人間の肉体にまで及ぶことは当然の、いや不可避のことであった》(『知の構築とその呪縛』)。

この最後の指摘は重要だろう。心と身体とを分けて考える身心二元論がデカルト以来の人間観であり、この考えでは身体は分子の塊の機械であってもともと死物。だから脳(心)が生きる意味を失うと身体が生きている意味はないことになってしまう。脳死を死とするのはこの考えに基づいたものである。

厚生労働省「平成二八年度自殺対策に関する意識調査」によると四人に一人が自殺しようと思ったことがあり、一五―三五歳の死因の一位が自殺とのこと。文科省の調査では平成二九年度の小・中・高生の自殺者は過去三〇年で最多。心が生きる意味を見失えば、体の存続に意味はないから簡単に自殺を考えるのではないか。発達した脳(心)があろうがなかろうがすべての生物のもつ「生き続けるという目的」が今の日本では軽視されているからこそ、こうなってしまうのだろう。

個体としての私の存続がこれほど軽視されているのだから、〈私〉として生き続けることがさらに軽視されるのも当然だろう。少子化の傾向は止まらないし、保育園も足りない。個人としても社会としても〈私〉がずっと続くという生物最大の目的を大切にしていないのである（この点については最終章で論じることにしたい）。

現代人は、あまりにも生物としての「存続すべき」を忘れている。人間が単なる生物ではないのは勿論だが、よい社会人になる上で、そもそも生物とはどのようなものかを知っておくことは重要なことである。教育という行為自体も、前の世代が築き上げた生き続ける知恵を次の世代に渡して次世代がよく生きていけるようにする行為であり、これはそっくりにリニューアルしながら存続するという生物としての価値に裏打ちされた行為と言えよう。そして今の世代がこう変えたらさらによくなるという夢を次世代に託すのも教育であり、これは次世代に変異を導入し、より生き残る確率を高める行為と見ることができる。意識はしていなくても、人間の行動には生物の生き残るという目的に由来すると解釈できるものが少なくない。

もちろんこのような議論には要注意である。「生物としての事実はこうである、だから人間はそうすべきだ」という、「である（事実）」から「べき（道徳的判断）」を導くのは論理的に間違い（ヒュームの法則。ヒュームは一八世紀イギリスの哲学者）。生物としての行動をもとに、人間としての行動に言及するのは慎重を期すべきものだが、「べき」と「べき」とを比べることは論理的には可能である。すなわち、生物としての価値から導かれる生物としてやるべきことと、人間としてやるべきこととを比べることは、論理的には許される。

魂において身ごもる

ひらたく言えば、「子を生んでなんぼ」なのが生物。そうしなければ〈私〉が続かないからである。もちろん人間は単なる生物ではなく、「子を産まなければ人生は無意味だ」などと本書で言いたいわけでは決してない。しかし「産みだして続く」ことには人間としても大きな意味があると私は思っている。

この点については巫女ディオティマに代弁してもらおう。プラトンの『饗宴（きょうえん）』の中で、彼女はソクラテスに対して次のように述べる（長い引用になるので、間を適当に要約した。《　》内がディオティマの言葉そのまま）。「《死すべきものの本性は、永遠に存在し不死であることをできるかぎり求めるものです。ただ、それは、この出生という方法によってのみ可能なのです》。ふつうは肉体的にみごもって《子を産むことによって不死と思い出と幸福とを「未来永劫にわたって手に入れる」》のですが、立派な人物であればあるほど、《魂において身ごもって》《知恵とその他もろもろの美徳》を産み、それらは《より美しく不死なる子供》なのです。そこで《人はだれでも、人間の子供をもつよりは、むしろ、このような子供をもつことをこそ、歓迎するでしょう。そして、ホメロスやヘシオドスや、その他のすぐれた詩人たちをかえりみて、彼らがそのような子供を自分のあとに残していることに、羨望の念を禁じ得ないでしょう。いうまでもなく、そのような子供は、それ自身、不死なる名声と追憶に値するものでもありますから、それを、産みの詩人たちにも与えているわけです》。

ホメロスは『イリアス』や『オデュッセイア』を、ヘシオドスは『仕事と日々』という歴史に残る名作を生み出すことにより、彼ら自身も不死になった。名作を作るとは社会に対する貢献であり、肉体的永続よりも、社会への永続する貢献の方が上だとするのがプラトンの見方である。

しかし誰もがホメロスやヘシオドスになれるわけではない。とすると凡人は子供を産む以外には永続に与れないのだろうか。そうではないと思う。君たちは学校で、昔の人の偉大な作品や昔の人が考えたことを学んでいるだろう。体操の技や球技だって昔のだれかが考え出したものだ。言葉もそう。それを学ぶことにより、昔の人たちのものが今に生きる。そして君たちが学んだものを次の世代に伝えれば、昔からの良いものが永遠に続く事に君たち自身、与ることができる。もし日本語を学ぶ人が誰もいなくなれば、日本語は亡びる。君たちがいま日本語を話していることは、日本語の永続に大事な役割を果たしているのである。君たちは、勉強するのは自分のためだと思っているだろうが、まだ見ぬ子供たちのためでもあることは、覚えておいて悪くない。新しいものを作り出すことだけが社会に対する貢献ではない。学んで伝えるというやり方もある。また、あえて永続を表だって言わなくても、社会に対する貢献なら何であっても、それは間接的に社会の永続に寄与することになり、それを行う人生は意味のあるものになると私は思っている。

ロゴス

本章では生物学と他の自然科学との違いを述べてきた。一章にならい、ここで生物学という言葉についても触れておきたい。生物学とは「生物＋学」。これは英語のバイオロジーもそうで、バイオ＋ロジー、ギリシャ語のビオス（生物）とロゴス（学問）をつなげたものである。ロジーがつく学問はいろいろある。たとえばエコロジー（生態学）＝オイコス（家）＋ロジー、ジオロジー（地質学）＝ゲオ（地球）＋ロゴス、ソシオロジー（社会学）＝ソシウス（仲間）＋ロゴス。ロジーをつければ、何でも「○○学」になる。

ロゴスにはいろいろな意味があり、文脈に応じて言葉・学問・説明方式・定義などと訳される。ロゴスは学問において重要な意味をもつ言葉だから、本章を終えるにあたり少々説明しておきたい。

ロゴスはインド・ヨーロッパ基語の語根レグに由来し、同じ語根のものには、レクチャー（講義）、レジェンド（語り伝え）、コレクト（取り集める）、セレクト（選ぶ）、ネグレクト（無視する）、レキシコン（語彙）、ダイアレクト（方言）、カタログなど。大野晋によると（『日本語をさかのぼる』）、ロゴスは「取り集める」が最初の意味だった。それが、集めたものを「数える」・「選び出す」という意味に発展し、それから「筋道を立てる」という意味になった。さらに「話す」という意味が出てきたが、それが名詞となり「話の筋道」・「論理」を指すようになった。そしてさらには「理性」を意味するようになり、「言語」や、言語を使ってなされる「学問」、「物事の本質が適正に言葉で言い表された説明方式」すなわち「定義」という意味になった。自然科学とは言葉を使って論理的・理性的に自然現象を説明し、定義する学問である。

ロゴスの出てくる最も有名な文章は新約聖書「ヨハネによる福音書」の冒頭だろう。

《太初に言（ロゴス）あり、言は神と偕にあり、言は神なりき》。聖書の世界では言葉はきわめて重要な位置を占めており、それは旧約聖書でも同じこと。創世記の冒頭は《神光あれと言たまひければ光ありき》。世のはじめ、誰ひとり聴衆などいない。そんな中で神は言葉を発された。聞き手がいないのだから、コミュニケーションの手段として言葉が発されたのではない。世界を創造する手段として言葉が使われたと解釈していいだろう。実在物を創り出す力をもっているのが言葉なのである。だから重要さからすれば言葉の方が事物より上。そういう考え方が西洋の伝統になっているようだ。

デリダによればとして中村雄二郎はこう書いている。《西洋の哲学的な知の奥には〈ロゴス中心主義〉というドグマが隠されている。〈ロゴス中心主義〉とは、あらゆる意味でのロゴス（話されることば、神知、至高の理性＝イデア、論理、合理性、意識など）がつねに真理の最終の根拠として持ち出されるあり方である。……このロゴス中心主義の源流はとりわけプラトンにあり、デカルト、ヘーゲルを経て、現象学にまで及んでいる》（『述語集』、ちなみにドグマとは独断的な説、イデアとはものごとの真の姿を指す言葉のこと）。西洋の思想は古代ギリシャとキリスト教の二つに基礎を置く。その両者でロゴスが重視されるのだから、西洋がロゴス中心主義になるのはもっともなことである。

これに対して日本語の「ことば」はじつに軽い。大野によれば、昔は事も言も、同じコトという言葉で日本人は言い表していた。「人間が口に出すコト」と「人間がやるコト」は同じだと素朴に考えていたのである。その後、言うコトとやるコトは違うと気付いたのか（それとも言葉でだます人間が多くなったのか）、素朴な時代が終わってコトバという用例が表れた。「バ」は端、つまり本体ではなく重要でない端っこ。コトバとは、口先だけのどうでもいいコトという意味なのである。この、コト（事実）に重きを置きコトバにはそれほどの重きを置かない態度は、今の日本人にも受け継がれているようだ。

中村雄二郎（『述語集』）は西欧のロゴス中心主義の長い伝統に対する反省が前世紀後半から出てきたと指摘し、ドゥルーズの考えを紹介している。プラトンはわれわれが見ているのは本物（実体・本質）の影（仮象）であるとし、本物＝イデア＝ロゴスを重視し、そのオリジナルを写した模像（ずれと改編を含んだコピー）は愚にもつかないものとしていやしめた（この考えが端的に表れているのがプラトンの『国家』で述べられる洞窟の比喩。われわれが見ているのは洞窟の壁に映った影〈つまりイデアのコピー〉にすぎないとする考え）。この考えをドゥルーズは問題視するのである。

西洋人はオリジナリティーを重視するが、これはロゴス中心主義に由来していたわけだ。

当然個々人もオリジナルでなければいけないのであり、「私は親の不正確なコピーだ」などと考えることは、自分をいやしめる愚にもつかない発想なのである。だからこそ本書のように、私は親のコピー、子は私のコピー、つまり生物すべてがコピーで、コピーをずっと続けていくのが大切だなどと言えば、とんでもない意見だととられても当然。だが生殖とはリプロダクション、コピーをつくることであり、これが生物の本質だと言っていい。コピーに意味がないとなれば、生物の本質を見失うし、自分が親の子として存在している意味も、自分が子を産む意味も分からなくなってしまう。本章でロゴスにかなりのページを割いたのは、西洋科学の方法について解説したかったことの他に、ロゴス中心主義が生命観にも影響していることを示したかったからである。

ロゴス中心主義の元祖がプラトンであり、プラトンは数学を重視した。数学者や物理学者はあいまいさのない数式や幾何学の概念を用いて論理的に整合性のある理想の世界をまず頭の中に構築し、現実の世界は理想世界の不完全なコピーだと考える。バネに関するフックの法則を例にとろう。フックの法則では二倍の錘(おもり)をかければバネの伸びる長さも二倍になるとする。だが現実には二倍の重さをかけても、ぴたっと二倍の長さにはならない。バネをつくっている材料(質料)である鉄の結晶には格子欠陥があるのが普通だから、厳密には予測どおりにバネはふるまってくれないのである。こうなるのは、ロゴス＝イデア（法則）は正しいが、質料を伴う現実の世界は欠陥のある不完全なものだから。――これが物理学者の世界を理解するやり方で、彼らはまさにプラトンの末裔なのである。

ところがプラトンの弟子でありながらアリストテレスは数学よりは生物学を重視し、現実を理想世界の影とは見ない。プラトンのイデアに対応するのがアリストテレスの形相であるが、これはイデアのように独立して存在するものではなく、質料と一緒になって実在の物をかたち作り、その中で働く。イデアとは異なり、形相だけで働く質料抜きの理想世界など存在せず、だからコピーは単なる影だと言っておとしめる発想にはならない。

体は遺伝子の乗物にすぎないとし、個体をおとしめるのがドーキンスの利己的遺伝子の見方である。厳密に同じに複製され続ける一個一個の遺伝子こそが不死なるものでありこれが本質＝ロゴス、体の方は、遺伝子が永続するという利己的な目的のためにこきつかわれている使い捨ての乗物でロゴスの影だとするのがこの考え。これはまさにロゴス中心主義を生物学に持ち込んだものであり、これが分子生物学の代表的な生命観となっている。

厳密に複製されるのは個々の遺伝子であり、これがロゴス。個体をつくる情報をもつのは遺伝子のセットであるが、これは生殖の際、セットがばらばらに解体してしまうからセットとしては続かず、ロゴスの資格はない。もちろん個体も続かない。そんなものは影でしかない。——これで厳密な論理としては成り立つのだが、個体は影だと言われたら自分自身の立つ瀬がないではないか。自分自身をおとしめる科学観は健全なものとは思えない。数学・物理的に厳密主義をふりまわすと個体の意味が見失われてしまう、自分自身の意味が失われてしまう。だからこそ本書ではプラトン（＝物理学）的見方ではなくアリストテレス（＝生物学）的見方を重視するのである。アバウトに考えて、大部分の遺伝子が引き継がれていればそれは同じだとみなし、そうみなすなら私は死なずに続いていくから、私という個体は影ではない大切なものだと考えたいのである。

〈コラム〉科学論文の書き方

言葉を重視する西洋と軽く見る日本の伝統は、科学論文の書き方にも反映している。生物学の分野では、次の五つの項目で論文が構成されている。①「序文」——何を知りたくてなぜこんな研究をやったのか、この主題に関して今までどんなことが知られているか、②「材料と方法」——どんな生物を研究材料として使い、どんな方法で観察・実験を行ったか、③「結果」——観察・実験で得られた結果の記載、④「議論」——結果をもとにして何が言えるか。

新しい仮説を提出するのが望ましい、⑤「文献」――引用した文献のリスト。『生物化学雑誌』というアメリカ生化学・分子生物学会の発行する雑誌がある。この分野の権威ある雑誌で、掲載を希望する論文が世界中から多数投稿されてくる。ただし誌面には限りがある。そこで一編でも多く良い論文を掲載するためだろう、上に挙げた項目のいくつかをものすごく小さい活字で印刷してスペースを節約していた時期があった（今は電子化されてそのような制約がなくなったが）。大きい活字は大切なところ、小さい活字はそれほどでもないところと考えていいだろう。さてあなたが編集者なら、どの項目を小活字にするだろうか？

学生たちにこう質問すると、ほとんどの学生は「材料と方法」「文献」と答える。もう一項目小さくするなら？　と聞くと、「議論」という答が返ってくる。

正解は「材料と方法」と「結果」が小活字。

日本人の感覚としては発見したコトが最重要だから、「結果」が小活字とは大変意外に感じてしまうのだが、西洋人の発想は違う。単なるコト（事実）の羅列は科学ではない。事実を言葉で論理的に説明してはじめて、それが科学的事実になる。創世記の「光あれ」的に解釈すれば、言葉により混沌としたばらばらのコトの羅列から科学的事実が創造されると解釈できるだろう。それを行う場所が「議論」なのだからそこは大活字、「結果」の方は小活字。アリストテレス的に言えば、観察結果が質料で、それを材料として言葉による議論を通して科学的世界を作り出していくのだから、議論は形相であり、これが本質でより重要。「文献」とはその分野の賢者（献＝賢）と議論を闘わす「議論」の一部であり、大活字にするのだと解釈できる。

日本の科学者の間では、「結果をして語らしめる」とか「自然をして語らしめる」という言葉をよく耳にする。一章で折口信夫の物語観を引用したが（二二頁）、彼によると物語とは物を語るのではなく物が語るのである。だが西洋の見方では物も自然も決して語らない。語るのは人間である。ロジカルに（理性的・論理的に）自然の見方を言葉（ロゴス）で語ることにより他者の理性（ロゴス）を納得させるのが自然科学なのである。

言葉にしなければ科学ではないという西洋の考えに驚かされたもう一つの例も挙げておこう。私の研究室に一時、ドイツ人がいた。彼はウニの歯の形態の研究で博士号をとった後来日し、数年間、助手として働いてもらった。博士論文を見せてもらったが、きれいな電子顕微鏡写真がずらりと並んだもの。日本の博士論文審査会なら、博士候補者はその写真をつぎつぎと見せて研究成果を発表するのだが、ドイツではまったく違うとのこと。審査会ではスライドや黒板など、視覚に訴える道具の使用は一切許されず、ひたすら口でしゃべるだけ。すべてを明晰で論理的な言葉で表現してはじめて、研究結果は科学的知の世界の一部となる。それができるかを問われるのが博士の審査なのであり、さすがに科学の老舗は違うなあと畏れ入った。

日本と西洋では、かように事と言の重みが違う。そしてそこにはおのずから研究姿勢にも違いが出てくる。それをアメリカ滞在中に痛感し、「Sushi Science and Hamburger Science」という日米での科学の発想の違いを扱った英文エッセイを書いた。それをもとにアメリカの大学数カ所で講演も行った。エッセイは好評で、たとえばオーストラリアから日本へ留学する際に読んでおいた方がよい文献として紹介されたし、アメリカの大学の教科書に引用されて授業の教材として使われたこともある（興味のある方は次のサイトで読むことができる http://home.t01.itscom.net/motokawa/sushi.html）。

第五章

生物の形

本章では生物の形について考えてみたい。アリストテレスはものの形（形相）が本質だとする。エイドスというギリシャ語は「見る」という動詞イディンから派生したもの。プラトンのイデアもやはり形を意味する言葉で、これもイディンに由来し、どちらも「見られたもの」という意味。彼らがものの本質をとらえる上で形の重要性を意識していたからこそ、こういう言葉を使ったのだろう。

形をとらえる感覚が視覚である。視覚は五感の一つでありわれわれは五感で外界を感じ取っているが、ヒトの場合、視覚が五感中もっとも重要なものである。どれほど重要かは感覚細胞の数から想像がつくだろう。感覚器官の中には感覚細胞があってこれが外界からの刺激を感じる主役。ヒトの眼の感覚細胞（視細胞）は両眼合わせて二億四千万個。体に分布している全感覚細胞のなんと七割ほどが視細胞なのである。それほど視覚情報を重視しているわけだ。

眼は色と明暗を感じている。色を感じる感覚細胞が錐体、明暗を感じるものが桿体で、桿体の数は錐体の二〇倍もある。これは色よりも明暗のつくりだす形を重視していることの反映だろう。われわれは形を重視する生きものだからこそ、ものの本質を見抜く際にも、形が重要になるわけだ。形相（エイドス）がものの本質だとするアリストテレスの考えは、もっともだとうなずける。彼はエイドスを生物の「種」を指す言葉としても用いたことはすでに述べた。

われわれにとって形が感覚的に一番身近に感じられるもの。だから、生物について学ぶには、まず形から入っていくのが一番よいと思われる。ところが学校で生物個体の形について教わった記憶がない。君たちもないと思う。現在発行されている理科（生物）の教科書を小学校から高校までざっと見たかぎりでは、どうも生物の形について教えてはいないようだ。

そこで小学校国語の教科書に載せる説明文を書いて欲しいと頼まれた際、生物の形について書くことにした。それが「生き物は円柱形」という文で、今、五年生の教科書に掲載されている。この教科書は多くの学校で採択していただいた結果、なんと同世代の半数以上の子供が私の文章を学んでくれている。まことにありがたい。筆者としても大いにサービスしなければと思い立ち、今、せっせと「生き物は円柱形」の出前授業をさせてもらっている。幸いに好評。出向いた学校はすでに一〇〇校を超えた。その授業をここで再現してみたい。授業に出かけるに当たっては、様々な小道具を詰め込んだリュックをかついで行く。

出前授業〈生き物は円柱形〉

まず細長い風船（ツイストバルーン）をふくらますところから授業を始める。

「こういう丸くて細長い形は何て言うの？」

『円柱形』

「そうだねえ」。そしてこの風船をねじって四本足の動物（四足動物）を作る。まず大道芸で生徒を引きつけねば。

「これ何に見える？」

『イヌ』

「ありがとう。イヌだ。こんなふうに円柱形の風船を、より短い円柱形に区切っていくとイヌができるね。胴をもっと長く足を短くするとネズミ。首を長ーくすればキリン。四本足の動物は、胴も足も首もしっぽも円柱形。円柱形が集まって体ができているんだ」

「もう一つ作ろうか」と言って風船をふくらませるが何もしないまま（つまり円柱形のままで

「さあ、何の動物に見える？」

『ヘビ』『ミミズ』『ウナギ』『アナゴ』『イモムシ』などと答えてくれる。

「こんなふうに円柱形そのものの動物もけっこういるね。動物の体には円柱形があふれているんだ。ぼくらの指はどう？」

『円柱形』

「腕は？」

『円柱形』

「足もそうだね。首も。胴はちょっとひしゃげているけど、まあ円柱形」

そして気をつけをしてくるりと一回転して見せ

「こんなふうに、体全体も円柱形。体の内側にも円柱形が多いよ。気管、血管、腸。骨も神経もそうだね」

「窓の外を見てごらん。木の幹は？」

『円柱形』

「枝も根っこもそうだ。植物も動物も円柱形の部分がとても多い。なぜだろう？　今日はその理由を考えていきます」

「さて、こんなふうにぼくらの体には円柱形の部分がとても多いのだけれど、〈生き物は円柱形〉の文章の最後に、《生物は実に多様だ、でも共通性もある》って書いてあったでしょ。円柱形は生き物が示す形の上での共通性。でも生物はとても多様なんだから、円柱形じゃないところも、もちろんある。円柱形ではない部分の代表は平らな部分。さて、ぼくらの体で平らな部分はどこでしょう？　手を挙げて答えて」と言って、手を挙げて手の平をわざとらしくヒラヒラさせてみせる。

『てのひら』

「そう。手のひらたい部分がてのひら。なぜてのひらは平たいのだろう？　平たいとどんないいことがある？」

『ちゃんと持てる』

「なぜ平たいとちゃんと持てる？」

『？』

「ちゃんと持てるってどういうこと？」

『持った物が落ちない』

「そうだね。じゃあ、なぜ平たいと持った物が落ちない？」

『？』

「それはね」と言って、先ほどふくらませた円柱形の風船を再度取り上げる。

「これが鉄棒だとしよう」と言って指二本で握る。

「こんなふうに二本の指だけで握ると、鉄棒に接している部分が少ないから滑ってしまう」

今度はてのひら全体で握る。

「こう握れば、べったりと広い面積で手が接しているから滑らない。平たいってことは面積が広いっていうことです」と言って、黒板に『平たい＝面積が広い』と書く。

「滑るのを止める力を摩擦力と言います。摩擦力は接している面積に比例する。だから平たいてのひらで物をつかむと、物が滑らずにしっかりと握れる」といってから手ぬぐいをとりだす。

「これを丸めてしまうと、表面はこれだけでしょ。それをこうやって広げると、こーんなに面積が広くなる。だから広げて平たくして顔に当てれば、顔の広い面をいっぺんに拭くことができる。そして物にくっつく力も面積に比例します」と言って粘着テープを取り出す。

「粘着テープは平たいね。面積が広いと粘着力が大きくなる。そこは摩擦力と同じだ。実験してみよう」と言ってマジックテープを取り出す。

「こっちがフック（おす）のテープ。こっちはループ（めす）のテープ。この二枚をちょっとだけ重ねてくっつけると、ほら、ほんの少しの力で引き剝がせるね。でも重ねる部分を増やしてやれば、力一杯引っ張っても剝がせない」

「てのひらは握って持つ以外の使い方もするね。てのひらを開いて並べれば、その上にたくさん物を載せられる。お皿が平たいのと同じだ。開いたてのひらをちょっとくぼませれば水もたくさん掬える」


「てのひらは平たかった。他に平たい部分は？」

『足の裏』

「足の裏が平たいとどんないいことがある？」

『しっかり立てる』

「しっかり立てるって、どういうことだろう？」

『バランスがとりやすい』

「そうだね」と言って、ストローを取り出す。根元には磁石が埋め込んである。

「これを立てようとしても」と言いながら指先にストローを立てる。

「すぐに倒れてしまうよね。足の裏の面積が狭いとバランスがとりにくい。でもこれに広い足の裏をくっつけると」と言って薄いブリキ板を取り出してその上にストローを立てる。

「ね、立つね。傾けても倒れない。ストローの半分のところが重心で、ここが板の端より外に出なければ元に戻る」

「バランスがとりやすいだけじゃないよ。足の裏がこのストローみたいに狭いと、そこに体重が集中するから、沼地を歩けばずぶずぶと突き刺さって沈んでしまう。足の裏が広いと、力が分散されて沈みにくい。雪国では靴底にかんじきをつけて面積を広げて雪の上を歩けるようにするし、スキーを履けば滑っていける」

「『手に汗にぎる』って言うよね。危険な時には手に汗をかく。ネコはね、そんな時には足の裏に汗をかきます。汗をかくのは肉球の部分。ネコの足の裏には毛のない部分があるね。あれが肉球。足の裏全部が毛だったら滑って走れない。肉球が汗をかいてしっとりしていると滑りにくい。乾くと滑ってしまうんだ。だから、攻撃するか逃げるかという緊張して手に汗にぎる場面では、ネコもイヌも足の裏に汗をかく。ヒトの祖先は両足の裏と両手のてのひらで木の幹をはさんで登っていた。二本足で立ってからも、足の裏で地面をにぎって歩いていた。地面はでこぼこしているからね。今みたいに靴をはいて舗装道路を歩くのとはまったく違う。てのひらや足の裏に汗をかいてしっとりとすると、滑らずに登れるし走れるんだよ。

平たくて薄いと曲がりやすいから、握りやすいということもある。この点はもうちょっと後で説明します」

「他に平たい部分は？」

『舌』

「舌が平たいとどんないいことがあるの？」

『味がわかる』

「なぜ平たいと味がよくわかるのだろう？」

『食べものに接する面積が広くなる』

「その通り。舌には味のセンサーがあって、広いとたくさんのセンサーを舌に配置できる。そして食べものに接する面積が広いから、味をしっかり感じ取ることができるわけだ。それが舌の平たい理由の一つ。別の理由もあるんだけど」

『？』

「ぼくらは食べるとき、奥歯で食べものを押しつぶして細かくしているよね。でも食べものは口の真ん中にある。だから口をパクパクさせたって、奥歯は空振りしちゃって食べものを嚙めない。そこで」と言ってじゃもじを取り出す。

「舌はしゃもじなんだ。平たい舌の上に食べ物をのせて奥歯の上まで押しやって抑えておいて嚙む。嚙んで細かくなったら、それを広い舌の上にのせて喉の奥に押し込む」

「ぼくらの歯にはいろいろな形のものがあるよね。前歯は平たいけど、これは包丁が平たいのと同じ。切るのが役目のものは何でも硬くて薄い。切るから切歯と呼びます。ただし歯はどれも根元の方は先細りの円柱形だけどね。奥歯は上の面が平たい。この広い面の間に食べものをはさんで押しつぶしたりすりつぶしたりする。奥歯を何て呼ぶか知ってる？」

『臼歯』

「よく知ってるね。臼の歯と書いてきゅうしと呼びます。臼のように食べものを押しつぶすのが奥歯の働き。お餅つきやったことのある人、手を挙げて？　みんなやっているね。蒸したお米を臼に入れて杵でつくけど、一人でつきはしないよね。もう一人は何をするの？」

『手に水をつけてこねる』

「その時、手はグーにするかな？」

『パー』

「そうだね。手をパーにして面積を広げ、それでたくさんのお米を杵の真下に押しやる。だから満遍なくお餅がつけるわけだ。口で嚙むのは、餅つきと同じ。歯だけでは嚙めない。平たい舌があるから嚙めるんです」

「家でネコ飼っている人？　ネコになめられるとどう？」

『ざらざらでいたい』

「なぜネコの舌は平らでざらざらしているんだろう？」

『ミルクを飲みやすいから』

「ざらざらのところにミルクをひっかけて掬って飲むという説はあったけれど、今では間違いだということになっています」

『？』

「答えを教えましょう。ネコもライオンもトラも、動物を捕まえて食べるでしょ。あの尖(とが)った歯で肉を食いちぎって丸呑(まるの)みにする。どんどん食べていったら骨が残る。その骨には肉がまだこびりついているけど、それは尖った歯ではうまくかじりとれない。そこで」といっておろし金を取り出す。

「こういうざらざらのおろし金のような舌でジャッとなめて肉を削り取る。面積が広ければ一度にたくさん削ることができます。」

「さあ、舌が出たら、その近くに平たいものがあるよね。何でしょう?」

『耳』

「そう、耳たぶ。耳はなぜ平たいといいの?」

『広い面積で、音をたくさん集められる』

「正解。聞きにくい時は」と言って、マギー審司よろしく大きくなる耳を広げる(ここで必ず笑いがくる)。

「こんなふうに耳を大きくすると、よく音が聞こえるでしょ。聞き取りにくいとき、てのひらを耳に当てるよね。これは広い面に当たったたくさんの音を、反射させて耳の穴に集められるから。BS放送のアンテナが平たいお椀形なのも同じことだね」

「さて、耳のものすごく大きな動物は?」

『ゾウ』

「ゾウには大きく分けると二種類のものがいるけど、何ゾウと何ゾウ?」

『アフリカゾウとアジアゾウ』

「どっちの耳が大きい?」

『アフリカ』

「なぜアフリカゾウの耳が大きいんだろう？　これは聞くこととは関係ないんだけど……。ちょっと難しいね。耳で体を冷やしているんだ。アフリカゾウは隠れる物のない草原にいて、直射日光が体にかんかんに当たるから、体がものすごく暑くなる。そこで大きな耳に熱くなった血を送って、耳の広い表面から熱を逃がす。パタパタ扇（あお）げば風も起こってさらに熱が逃げやすくなる。アジアゾウはジャングルに住んでいて日陰になるから、耳はそれほど大きくなくて済む」

「体が大きいということは、体の割には表面積が小さいということです。熱は表面から逃げて行くから、大きいものほど熱が逃げにくい。これは、茶碗のお湯はすぐにさめるけど、お風呂は入れたあとまでずっと暖かいことからも分かるね。だから体の大きなゾウは熱を逃がすために、それなりの工夫がいるわけだ。恐竜も大きかったね。ステゴサウルスという恐竜は背中に菱形の薄い板を前から後ろへと二列にずらっと立てて並べ、この板から熱を逃がしていたと考えられているよ。ウサギの長い耳も熱を逃がすためだ。ウサギの耳は赤いでしょ。そあそこに血管がたくさん走っている。ウサギは毛むくじゃらで体からは熱が逃げにくい。そこで、ピョンピョン跳ねて体が熱くなったら熱い血を大きな耳に流して熱を逃がしている。

ネコの耳も薄くて血管がたくさん見えるよね」

「ぼくたちも、手の甲や足の甲という平たい部分から熱を逃がして体を冷やしています。とくに眠るときにね。眠っている赤ちゃんの手があついでしょう。ここから熱を逃がしているからです」


ここで放熱板を取り出す。

「これはステレオの中に入っている放熱板です。ここにある丸いのがパワートランジスタ。これが働くと熱が出る。それをこのまわりに並んでいる板から熱を逃がしてトランジスタが熱くなりすぎないようにするものです。車のエンジンを冷やすラジエータも平たい板が並んでいて、その広い表面から熱を逃がします。逆に部屋を暖めるスチームやオイルヒーターも平たい板が並んでいるでしょ」


「他に平たい部分は？」

『背中』

「背中は平たいとどんないいことがあるの？」

『寝られる』

「ネコやイヌは仰向けで眠ってる?」

『ううん』

「イヌもネコも背中は平らじゃないね。ウマの背中も丸い。だからウマの鞍は丸くカーブしているわけだ。ヒトの背中は例外。これは二本足で立ったことと関係しています。背中が平たいおもな原因は肩甲骨。肩の三角形の平たい大きな骨。左右の肩甲骨が背中に並んでいるから背中は相当平たく見える。肩甲骨は、腕をしっかりと胴につないでいる骨だ。腕の筋肉が付着する広い面積を提供し、また肩甲骨と胴を結びつけている筋肉の付着点にもなっている。広い面積があるとたくさんの筋肉が付着でき、腕は胴にしっかりと結びつくことができます。イヌやウマでは、肩甲骨は胴の両脇についていて、足は前後にしか振れません。ヒトは立ち上がって手が自由になり、肩甲骨が背中側に移動したおかげで、腕を前後だけでなく左右にも動かせるようになりました。ぼくらは手を背中側でつなげるけど、イヌやネコにはできないよね」

「もっと他に平たい部分は思いつくかしら?」

『爪』

「爪は何で平たいといいの？」

『ひっかく』

「うーん。ひっかくこともするけど、ネコのようなひっかき専用の爪は尖って鉤のようになっていて、鉤爪っていいます。われわれの爪は扁平だから平爪（扁爪）。爪のある場所を考えてごらんよ。足や手という動く部分の先っぽで外に向いた場所にある。ここって一番ものにぶつかりやすい場所だよね。だから……」

『ぶつかっても痛くないように守っている』

「そう。だとすると、なぜ爪は平たいといい？」

『広い面積で守る部分を広げる』

「大正解。平たくして守っているものとしては、他に皮膚もそうだね」と言って、先ほどの手ぬぐいを取り上げ
「広げて平たくして巻き付ければ広い面積を守れる。そして雨がふってきたら」と言って傘を広げる。

「平たくて広い傘をさせば、体が濡れないように守ることができる」

「さてでは、ぼくらの体にはないけれど、動物がもっているものすごく目立つ平らな部分。さあ何だろう?」

『鳥の羽』

「羽は平たいと何でいいの?」

『はばたく時に空気をたくさん下へ押せて飛べる』

「その通り」と言って扇子を取り出す。閉じたまま扇いでみせる。

「こうやっても風はこない。でも」と言って扇子を開いてあおぐ。

「開けば風が来る」。扇子をもって鳥のように羽ばたいてみせ、

「こうやって平たい物で扇ぐと空気をたくさん押せ、その反動で飛べるし」と言ってから、扇子をお尻に縦にして当てて扇ぎ、

「魚だったらヒレで水をたくさん押して泳げる。カエルなら水かきにして泳げる」と扇子をてのひらに当てて平泳ぎの真似をする。

「走る時には、地面はひとかたまりになっている硬いものだから、足の裏が狭くても、蹴れば地球を丸ごと蹴っ飛ばしたことになる。だから足の裏はそれほど大きくなくても問題になりません。でも空気や水はさらさら流れていってしまう。そういうものを押して反動で進む

には、大きな面積の羽やヒレを勢いよく動かして大量の空気や水を押す必要があります」

「植物で平たい部分は、どこ？」

『葉っぱ』

「なぜ葉っぱは平たいといいの？」

『面積が広いとたくさん光が集められる』

「なぜたくさん光が集まるといい？」

『生長できる』

「何でたくさん光が集まると生長できるんだろう？　知ってる人いる？」

『光合成をして食べものをつくれるから』

「よく知っているね。植物は太陽の光を受けてデンプンなどの食べものをつくります。これを光合成って言うんだね。植物は太陽の光を食べているようなものだ。だから光が当たる面積が広ければ食べものがたくさんできてどんどん生長する」

「植物で他に平たい部分は？」

『花びら』

「花びらが平たいとどんないいことがある？」

『？』

「花びらって何のためにあるんだろう？」

『きれいだから』

「〈きれい〉っていうのは、誰かが見てきれいだと感じるんだよね。誰に見せているのかな？」

『虫』

「虫に見せて？」

『花粉を運んでもらう』

「それと花びらが平たいのは、どう関係しているのかしら？」

『平たいと面積が広いから遠くからでも見える』

「ああそうだね。植物は動けないから、虫に頼んで花粉を仲間の花まで運んでもらい、そのお礼に蜜をあげています。花びらが平らできれいなのは、虫に見えやすくして、ここに蜜があるから来て下さいって宣伝しているわけだ」と言って国旗を取り出す。

「見せるためのものは何でも平たい。旗もポスターも平たいね」

「花びらって、咲く前は目立つかな？　きれいな色をしていないよね。めしべやおしべが充分に発達して受粉の準備ができるまでは、虫に食われたりしないように、花びらは緑色で目立たないようにしてめしべやおしべを包んで守っている。平たい広い面積で守っているわけだ。そして準備がととのったらパッと開いて、目立つようになる。花びらは平たくて広い面積を使って、包んで守るのと開いて見せるのと、二つの役割を時期によって使い分けている。とても賢い使い方を植物はしているんだ」

「さてここまでのことをまとめた歌をうたいましょう」と言って、大きな紙に印刷した〈ひらたいてのひら〉の歌詞を黒板に貼る。

ひらたいてのひら　作詞作曲　本川達雄

むすんで　ひらいて　ひらいた　てのひら
たいらで　ひらたい
ひらたい　かたちは　ひろーい　めんせき

水をすくって　のむときも
てつぼう　しっかり　にぎるときにも
ひらたい　てのひら　やくにたつ

ゾウさん　ゾウさん　お耳が　おおきい
おおきくて　ひらたい
ひらたい　かたちは　ひろーい　めんせき
おとをあつめて　きくときも
からだ　あおいで　ひやすときにも
ひらたい　お耳は　やくにたつ

なの葉に　とまった　ちょうちょの　はねも
なの葉も　ひらたい
ひらたい　かたちは　ひろーい　めんせき
はっぱで光を　つかまえる

はねでくうきを　おしてとぶのにも
ひらたい　かたちは　やくにたつ

「こんなふうに、平たくて表面積が広いと、いいことがいろいろあります。食べものは体の表面を通して外から体内に入ってくる必要があるし、情報だって、体の表面から入って来ます。入って来る表面が小さかったら、入る量が少なくなってしまう。表面が広いことはとても大切で意味があるんです。でも平たい部分は、耳だったりてのひらや足の裏だったりと、体の端っこにあるだけで、体の真ん中の大部分は円柱形をしているね。じゃあ円柱形にはどんな意味があるんだろう？　それをこれから考えていきます」と言って緑色の薄いＡ４の紙を一枚取り出す。

「これ、葉っぱだとしますね。太陽の光があちらから来るとすると、光に直角に葉を配置するとたくさん光が集まる」と言って、片方の手で紙の一短辺を、別の手で反対側の短辺を持って光に直角になるようしてから、片方の手を放す。

「ほら、ヘニャッと垂れ下がって、これでは光は素通りしてしまう。平たいものはヘニャヘニャして姿勢を保てません。立てようとしても」といって垂直に立てようとするが

「ほらヘニャ。でもね、この紙をクルッと巻いて円柱形にするとちゃんと立つ。どんな姿勢にしても真っ直ぐピンとしている。上に物だってのせられる。こういう円柱を立てて背丈を高くして、そこに平たい葉をたくさん配置すれば光を受ける面積が格段に広がります。これが植物のやっていること。そして葉の一枚いちまいもね」と言って大きなゴムの葉（百円ショップで買ったプラスチック製のもの）を取り出す。

「葉にはすじが走っているね。水や栄養を通す管で、これは円柱形。これらの円柱で補強されているから葉の平たい形が保たれているのです」

さらにトンボの羽の写真を見せる。

「羽にもたくさんすじが走っているね。これは空気を通す管で、これも円柱形」

そして鳥の羽を一枚取り出す。

「これはシマフクロウの羽。旭山（あさひやま）動物園でもらったものだ。羽ペンみたいに真ん中に円柱が一本走っているね。でも円柱はそれだけじゃない」と言って羽の毛の一本一本をばらしてみせる。

「こうやって羽をばらしてみると、すごく細い円柱だ。この円柱が並んで平らな形ができている。羽は全部が円柱でできているんだ。だから風の強いときでも羽ばたいて飛べる。円柱形は強い形なんだ」と言って、さっきの傘を出す。

「傘は平たいけれど、持つところや骨は円柱形でしょ。これで平たいものを支えている」。

さっきの国旗を出す。

「国旗もそう。旗竿の部分は円柱形。ちなみに竿っていうのは竹のことです。竹の幹は円柱形だ」

「ぼくたちがこうして立っている時には、いつも地球の重力に引かれています。もし骨がなかったらヘニャッとなって体はつぶれてしまう。骨はつながって骨格系をつくっています。骨同士が靭帯っていう強い紐でつなげられて、骨格系になっている。つまり骸骨ね。この骨格系がぼくらの体を支えてくれているから、しっかりと姿勢を保っていられるんです。骸骨に服を着せ帽子をかぶせ、マスクとサングラスをかけて夕方、部屋の隅に立てておけば、あそこに人がいると思ってしまうよ。ぼくらの形は骸骨の形なんです。骨の一本一本が円柱形をしていて、それがつながった骨格系もだいたい円柱形をしている。この強い円柱形でぼくらの姿勢が保たれています。また筋肉も円柱形の骨につながっている。歩くときに、地面に筋肉の力を伝えているのは足の骨です。骨がヘニャヘニャしていたら、歩くこともできません。しっかりした強い円柱形の骨があるから姿勢も保て、動くこともできる。では円柱形が強いということを実験で確かめてみよう」と言ってスポンジを取り出す。羊羹を長くしたような薄板状のスポンジ（これを短く切りとって使う台所用のもの）で、先端の辺の中央に糸をゆわえて垂らし、糸の先に錘をかけられるようにしてある。薄い面が上になるようにして水平にスポンジの根元を持つ。

「この先に錘をかけます。ほら、へニャッと曲がるでしょ。でも」といってスポンジを長軸のまわりに九〇度回転させ、板の厚い方向が鉛直になるようにして、再度錘をかける。

「ね、厚い方向に力をかけると曲がらない。ものは薄い方向に弱く、クタッと曲がってしまう。さて、円柱形って断面が円いね。円だから、どの方向にも同じ厚さ。つまり弱い方向がない。だから円柱形は強い形なんです」

〈コラム〉梁理論

右の実験結果を理論的に説明しておこう（ここは工学部で材料力学の時間に習う話だから読まなくてもかまわない）。スポンジの実験のように、細長い棒の一端を固定し、他端に力を加えた時にどの程度曲がるかは梁理論により計算できる。梁とは構造物を支える水平に保たれた棒（垂直のものは柱と呼ぶ）。梁理論によると、曲がる量は棒の長さの三乗に比例する。つまり二倍長くなれば八倍曲がる。長くなれば急速に曲がりやすくなってしまうのである。曲がる量は、どんな材料で棒ができているかによってももちろん変わり、より硬い（弾性率が大きい）ものでできていると曲がりにくい。骨や木材は硬い材料である。

スポンジの実験では、材料も長さも変わっておらず、薄い方に曲げるか厚い方に曲げるかの違いだけだった。スポンジの断面は長方形だったが、力が長方形の長辺（長さａ）の方向にかかるか、短辺（長さｂ）方向にかかるかの違いである。長辺方向にかかった場合、梁理論によれば、曲がる量は$a^3 \times b$に反比例する。だからａ（曲げの方向の厚さ）が厚いほど急速に曲がりにくく強くなる。逆にごく薄いものはへにゃへにゃになってしまうわけだ。断面が円の棒（円柱）なら、曲がる量は円の半径の四乗に反比例する。だから同じ鉄でできていても細い針金はくねくねし、太い棒は曲げようとしてもびくともしない。

「では〈生きものは円柱形〉を歌おう。円柱形は強いという歌だ」と言って、歌詞の紙を貼り替える。

「この歌は、みんなに協力してもらわないといけない。ぼくが〈木の枝は円柱形〉と歌ったら、〈円柱形！〉とかけ声をかけて下さい。その時に、アクションもつけます。〈円柱形！〉とこぶしを突き上げる。すると、あ、ぼくの腕は円柱形だと気付くでしょ。一番で四回〈円柱形！〉をやります。四番まであるから一六回〈円柱形！〉。それだけの回数、気合いを入れてやれば、自分の体が円柱形だということを一生忘れません。脳だけで覚えようとしてはだめだよ。忘れないためには体で覚えるのが大切。じゃあ、大きい声で元気よくやるよ。いい？」

生きものは円柱形　作詞作曲　本川達雄

木の枝は　円柱形　（円柱形！）
幹も　根も　円柱形　（円柱形！）
枝の　分かれた　円柱形
円柱形は　強い
どんなに　はげしい　嵐にも
からだを支える　円柱形
（繰り返し）
生きものは　円柱形　（円柱形！）

まるくって　ながい　（円柱形！）
草も　木も　けものも　虫も
生きものは円柱形

胴体は円柱形　（円柱形！）
手も　足も　円柱形　（円柱形！）
梃子（てこ）の原理の　円柱形
円柱形は　はやい
大地を　けって　かけていく
前足　あとあし　円柱形
（繰り返し）

ミミズは　円柱形　（円柱形！）
ゾウの鼻も　円柱形　（円柱形！）
水のつまった　円柱形

円柱形は　静水系
膜が　包んでいる水で
力を伝える　円柱形
（繰り返し）

ウナギは　円柱形　（円柱形！）
マグロも　円柱形　（円柱形！）
イカも　イルカも　円柱形
円柱形は　泳ぐ
すばやく　泳ぐ　円柱は
前後がスリムな　流線形
（繰り返し）

「とても元気よくやってくれました、ありがとう。歌詞の中にちょっと難しい言葉が出てきたので説明します。まず四番の〈流線形〉から。円柱形の両端が細くなっているのが流線形。

飛行機も新幹線も潜水艦も、両端が細くなっているね。こうすると空気や水の抵抗が少なくなって速く進める。では二番。〈梃子の原理〉という言葉が出てきます。梃子は六年で習うんだけど」と言って、ストローにゼムクリップを刺して支点とした梃子の模型を出す。

「梃子は棒の片方の端に寄ったところが支えられているもの。この支えを支点と呼びます。支点のまわりにシーソーのように回転する。支点に近い端に物をのせ、支点から遠い端を動かすと、小さな力で重いものを持ち上げられる。これがふつうの梃子の使い方です。でも逆にして、支点に近いところを押すと、ほら、遠い方の端はこんなに大きく動くよね。つまり梃子を使って動きを大きく拡大することができる。これが手足で働いている梃子だ」

ここで胴から足が一本出ている模型を取り出す。胴と足とは蝶番になっていて足は前後に振れる。足は指し棒（スライドして伸び縮みするもの）でできており、最初、指し棒は縮めた状態にしておく。

「これはウマだと思って下さい。ここが胴で、こちらが足。足を動かす筋肉は足の付け根にあって胴と足をつないでいる。この筋肉を動かすと、ほら、こんなふうに足が前後に動く」

と足を振り動かして見せる。

「ウマの祖先はキツネくらいの大きさで、足も短かったんです。ところがウマは進化の過程で大形化し、足もどんどん長くなっていった」と言って足に見立てた指し棒をするすると伸ばす（大抵ここで『おー』と声があがる）。

「足が伸びると、足の根元の筋肉を同じだけ動かしても、一歩の幅がこーんなに増える。だから速く走れるようになる。ウマの足は進化の過程でどんどん長くなり、草原をパッパカ疾駆するようになっていった。足は長い方が速く走れていいんです。だけど細長いとヘニャヘニャするし折れやすくもなる。そこで円柱形なんです。足が円柱形なら細くてもヘニャヘニャしにくく折れにくい。だからウマであれゴキブリであれわれわれであれ、足はみな円柱形をしています」

「三番は円柱形そのものの動物、ミミズを歌っています。ミミズには骨がありません。でも土の中を掘り進んで行きます。もしもぼくらの指に骨がなかったらへにゃへにゃして土なんか掘れないよね。ミミズはどうやって土を掘るのでしょう?」と言ってミミズの模型を取り出す。

「これ、ミミズ。ミミズは体のまん中に大きな空間、体腔（たいこう）って言うんだけど、体腔があって、そこには水が詰まっています。しなやかな皮でできた袋の中に水がつまったものがミミズだと思えばいい。これはストッキングにビーズを詰めてあるんだけど、この茶色のストッキングが皮、つまり体壁で、ビーズが体腔の中の水に対応します。ミミズには、体壁と体腔の境の部分に、体をぐるっととりまく輪っかのような筋肉（環状筋）があります」と言って、赤い輪をストッキングにはめる。

「こういう筋肉が、前から後ろまでずらっと並んで体を取り巻いています。この筋肉が収縮すると袋の直径が小さくなるね。すると、中に入っている水の体積は一定だから、どうしても体が長く伸びざるを得ない」と言いながら、ミミズの模型をしごいて細く長く伸ばす。

「体が細長く伸びるから、頭の部分が土の割れ目の中にぐっと押し込まれていく。伸びるのは頭の方向にだけ。ミミズの表面には短い毛が斜め後ろ向きに生えていて、毛がひっかかるから前にしか伸びないんだ。さて細く長く伸びたミミズは、次に縦走筋を縮める」。ミミズの模型には、長軸方向に黄色い丸ゴムが張り渡してある。

「この黄色いゴムが縦走筋、体を縮める筋肉だ。縦走筋も体壁と体腔の境目にある筋肉で、体の長軸方向に走っている。今、体が伸びてこの筋肉も引き伸ばされているね。この筋肉が縮むと体全体も縮んで再び短くなる。その時にも体腔中の水の体積は一定だから、円筒は太く短くなる。それにともない、体の後端が前に引き寄せられ、胴体はふくらんでまわりの土を横に押しやる。すると先端部の土が横に押しやられて割れ目が広がって先へと伸びる。そこで縦走筋をゆるめ、また環状筋を縮めて細長くなって、その新しくできた割れ目に体を押し込む。これを繰り返しながらミミズは土を掘ってどんどん前に進んで行く。ミミズは体腔の中の水の体積が一定ということを使って、筋肉の縮む力を土、つまり外界に伝えているんだ。ぼくらの場合は、骨を介して筋肉は力を外界に伝えているけれど、ミミズでは水が伝える。水が骨代わりをしているんだね。こういう水が骨格として働いているものを静水骨格（静水力学的骨格）、こうして働いているシステムを静水系と呼びます。これは動物学のプロでもほとんど知らない言葉だから覚えなくていい」

ここでただふくらませただけの風船を再びとりあげる。

「結局、ミミズの体は風船みたいなものです。風船はしなやかなゴムの袋に空気が詰まっていて中から空気に押されて袋がふくらんでいる。ミミズもしなやかな皮袋の中に水が詰まっていて、中の水により袋がふくらんでいる。四角い風船や三角の風船ってある？」

『ううん』

「風船が最初に四角い形をしているとしよう。それに空気を送り込んだら、四角の辺が押されるから、角が開いて壊れて破裂してしまう。だから角のある風船はありません。丸ければ中から押す空気の圧力が風船のゴムのどこにも均等にかかるから壊れにくい。風船が丸いのは、それが一番壊れない強い形だからです」と言ってからガス管を見せる。

「これは東京ガスからもらってきたガス管。円柱形でしょ。水をまくホースも水道管も雨樋もそう。ガスタンクもガスボンベも丸い。内側から水圧やガスの圧力のかかるものは、みな丸い。圧力が外から加わる場合も同じこと。蛍光灯は円柱形。船も水に浸かって水圧のかかる部分は丸いね」

「ぼくら脊椎動物の祖先は背骨をもっていなかった。皮袋の中に水がつまった、いわばミミズのようなものでした。今でもわれわれの胴はそんなものです。胴の中心部には水の詰まった大きな体腔があり、その中に内臓が浮かんでいます。いわば風船の中に内臓が浮いているようなものだ」

「わたしたちの体腔は、ミミズのように力を伝えることはもうしなくなったけれど、他の大切な働きをしています。きみたちがお母さんのお腹の中で大きくなれたのも、風船のようにふくらむことのできる体腔があったからだ。もし体腔がなくて胃の壁が直接皮膚に接していたら、御飯を食べてすぐに体育で体を曲げると、胃が押されて口から食べものが出てきちゃいます。そうならないのは、体腔の水がクッションの役目をはたしていて、胃が直接圧迫されることがないからです。じつは体腔をもたない動物もいます。たとえばカイチュウの仲間。

かれらは食道の入り口に強力な筋肉があり、運動しても食べものが口から出て行かないよう、のどをいつもぎゅっと閉めているんだよ」

「脊椎動物も昔は背骨がないミミズみたいな動物でした。だから胴体は円柱形をしているのです。その胴体に円柱形の背骨を通し、背骨に筋肉を付着させて力強くヒレを動かして速く泳げるようになったのが魚。さらにヒレを円柱形の手足に変化させて上陸し、梃子の原理で速く走れるようになったのがわれわれです。だからぼくらの胴も手足も円柱形をしているんです」

〈コラム〉平たい形の問題点

平たい形の問題点をまとめておこう。

①体を支えられない

②壊れやすい　ヘニャヘニャして体を支えられないということは、体が簡単に大きく曲がりやすいこと。曲がれば外側が大きく引っ張られ、内側が大きく圧縮される。材料内には必ず小さな傷があるものだが、材料が大きく引っ張られると傷の長さが伸びる。体が薄ければ、ちょっと伸びただけで傷は体の厚さを超え、そこから体がまっぷたつに壊れてしまう。

---

③体の各部分の距離が遠く離れている　球ならば、球内のどの二点間の距離も直径より大きいことはない。ところが平たく広がれば、端から端の距離は大きく離れる。離れた場所の細胞にも情報や栄養を供給しなければならないから、神経系も血管系も輸送経路が長くなり、運ぶのによりエネルギーがかかるし時間もかかる。体の一端を敵にかじられていても、緊急事態を他端にすぐには伝えられなくなるわけで、これは致命的。立体的な形ならば体の各部同士がずっと近く、コンパクトで各部を制御しやすいまとまりのよい体となる。そこから大きく外れてしまうのが平たい体なのである。

④乾燥しやすい　陸上の動物の場合、表面積が大きいと、表面を通して水は逃げていって体が干上がりやすい。これは陸上生活では致命的な欠陥となる。陸ではまた夏冬や朝晩の気温が大きく変化するから体温の維持も問題になるが、熱は体表を通して出入りするため、平たいと問題が深刻になる。

⑤目立つ　面積が大きいため、捕食者にみつかりやすい。

⑥水の抵抗が大きい　抵抗は面積に比例する。これはヒレのように抵抗を使って水を押す運動器官の場合には利点になるが、体全体の抵抗が大きければ運動に不利になる。

⑦平たいと相対的に体積が小さくなり、泳ぐための大きな筋肉を体内にもちにくい

子どもたちに伝えたかったこと

「きょうは、生きものの形には意味があることを勉強しました。なぜ？　なぜ？　って聞いていったでしょ。意味があるからこそ、なぜこんな形なんだろう、こんな形だと何がいいんだろう？　と問うていけます。なぜ？　って問うていくと、答えが出てくるのが生物なんです。面白いでしょ。生きものをよく見ながらなぜだろうと考える。そのことを通して、理科が好きになってくれると嬉しいなあ。これが今日伝えたかったことの一つ」

「授業で伝えたかったことがもう一つあります。今日の話、内容は理科だったよね。でも、国語の教科書に載っている。へんだと思わなかった？」。多くの子がうなずく。

「別の疑問を持った人もいるはずだ。〈著者の先生にお手紙を書こう〉って、いろんな学校から『生き物は円柱形』の感想文を送ってくれるんだけど、よくある感想にね、〈指は円柱形、胴体も円柱形って書いてあるけど、指は曲がるところがぼこっとふくらんでいるし、胴もお腹が減ったら背中にくっつそうに平らになるし、円柱形かなあと、最初は納得できないでいたんだけど、最後まで読んでいったら、何となくみんな円柱形のような気がしてきました〉。これはとても素直な感想です。君たちの中にもそう感じた人がきっといると思うよ」。これにも多くの子がうなずく。

「じつは、円柱形というのは算数で出てくる言葉です。君たちもちょうど五年の算数で習ったよね。切り口がまんまるでまっすぐ同じ太さですっと伸びた形が円柱形。だけどね、手も胴も、木の幹も、まんまるでもまっすぐでも同じ太さでもない。だから厳密には円柱形ではありません。理科も算数を使う教科です。だから理科や算数で〈生き物は円柱形だ〉と言ったら間違い。おかしいなと感じた人は正しかったのです」

「ぼくは高校の生物の教科書も書いています。教科書は書いてあることに間違いがないかどうか、文部科学省のチェックを受けるんです。教科書検定っていいます。今までの経験からすると、理科で「生き物は円柱形だ」と書いたら、「不正確である」という意見がついてきて検定を通らないと思う。でも国語だと何の問題もなく通っちゃった。理科と国語では考え方が違うんです。さて、教科書の〈生き物は円柱形〉の文章の前に、何の文章が載っていたか覚えてる?」

『見立てる』

「どんな内容だっけ」

『あやとり』

「そうだったね」と言って教科書に載っていたあやとりの写真を見せる。

「同じあやとりの形を、アラスカではカモメに見立て、カナダではログハウスに見立てる。いろんな見立て方ができるんだったね。あやとりでは正解はただ一つというわけじゃない。もちろんとんでもない見立て方はできないよ。でも上手に見立てられたら、それは正解になる。国語の文章も似たようなものです。いろいろな読み方ができる。それに対して、理科の正解はただ一つ。理科はものすごく厳密です。あやとりで〈何に見える？〉と聞かれた時、もし理科的な厳密さで答えようとしたら、〈紐〉としか答えようがない。あやとり遊びは、物の見方にゆるい遊びの部分があるから可能になるんです」

「理科で〈生き物の形は？〉と聞かれたら、動物によりさまざまで簡単な図形通りの形などしていないから、〈とても一言で言うことなどできません。生き物の形はしっちゃかめっちゃかです！〉としか答えられない。でもね、もう少しゆるやかに見ることを許せば、非常に多くの生物は、円柱形や円柱形の組み合わさったものに見立てることができる。授業の前半で考えた〈平らな形〉なんて言い方も、ずいぶんとゆるいよね。でも薄くて広い面積をもつものを平らな形と言ってしまえば、ボコボコしている耳だって、形がしょっちゅう変わる舌だって平らな形としてまとめられる。ちょっとゆるい見方をすれば、生き物の形はしっちゃかめっちゃかではなく、ある共通性があり、その共通性は生き物の働きと関係した意味のあるものとして理解できるようになってくる。だから厳密なことがいつもいいとは限らないんだ」

「国語では正解は一つではないんです。著者がある思いを持って書く。それをそれぞれの読者が読んで、自分なりの一つの世界を作る。著者と読者の協働作業で答えができてくるわけで、受け取り手ごとに答えは違っていていい。いろいろに受け取れて、それぞれの読者が自分なりに発展させられるから、全体として豊かな世界が広がっていく」

「現実の世の中では、正解が一つしかないなんていうことの方が少ない。たとえば一を一〇回足せば答えは一〇。算数だったらこれ以外の正解はないよね。でも、お店にいってチョコレートを一〇枚買えば、そんなに買ってくれたんだからとおまけしてくれて一二枚になったりすることの方が普通。一を一〇回足すと一二になってしまう。算数通りに行かないのが現実の世界です。だったら厳密な算数や理科が必要ないかというとそうではありません。どれだけおまけしてもらったかが分かるのは、一を一〇回足せば必ず一〇になる算数を知っているからです。〈二枚なんていわず、もっとおまけしてよ〉と値切ることだってできる。」

「結局、この場面ではどのくらいの厳密さで世界を見るのがいいのかを判断できるようになるのが大人になるってこと。それができるには、理科も国語も両方勉強する必要がある。

〈私は数式が苦手。〈国語は何が正解かよくわからないから嫌い！　ぼくは理科だけ勉強する〉算数も理科も勉強したくない〉と言っていてはだめ。嫌いでも、やるべきことはやらねばなりません。理科の正しさと国語の正しさは違う。そのことに気付いてもらいたくて、理科の内容を国語の教科書に書いたのがこの文章です。もちろん国語の教科書ですから、文章の読み方や書き方を教える意味もあります。文には自分の感動や感想を書くもの以外にも、他人を説得する文があります。説明文っていうんだけど、それを学ぶ教材として書きました。だから最初に疑問をもたせ、だんだんと事実と論理を積み上げていって読み手を説得し、納得させていく展開になっています。この文を読んでいくうちに、なんとなく生き物がみんな円柱形に思えてきたでしょ」

「教科書では、〈筆者が、この文章でいちばん伝えたかったことはなんだろう〉と考えることになっていたよね。この教材の文章の後に、ページをめくるとそう書いてある。君たちは何て答えた？　じつは筆者である僕がいちばん言いたかったのは、理科と国語の違いで、そんなこと、文章の中にはひとことも書いてない！　世の中って、こういうこともあるんだよ、ハッハッハ」（まわりで聞いていた先生方が苦笑する）。

「もう一つ、よくある質問はね、どうして生き物は円柱形だと気付いたんですかってもの。

円柱形って言ったのは僕ではなく、ウェインライトっていうアメリカ人。デューク大学の教授で、僕は彼のところに留学していたんです。朝コーヒーを飲みながら、『今、生物は円柱形だという本を書いているんだよ』と彼が話してくれたとき、『あれ？　どこかで聞いたことがあるな』。調べてみると『自然を円筒と球と円錐によって扱い……なさい』とセザンヌが手紙に書いている（リウォルド編『セザンヌの手紙』、セザンヌは一九―二〇世紀フランスの画家）。ウェインライトは自身が木彫をやるし、兄弟はデザイナーや水彩画家。芸術家の目をもった人だからこういう見方ができたんだね。理科と国語だけじゃなくて、図工も、そして音楽も勉強しなくっちゃ。ちなみに彼の本〈生物の形とバイオメカニクス〉は、僕が訳して、その訳本にさっき歌った円柱形の歌を作って載せた。ウェインライトはとても喜んでくれた」

「最後に付け加えるとね、教科書って良くできていると思わないかい。〈円柱形〉の前に〈見立てる〉があって、円柱形と見立てれば〈円柱形〉の文章が理解しやすくなるように教材が配置されている。著者や編集者や編集委員の先生方が、相談しながら工夫に工夫を重ねて作ってあるのが教科書です。もちろん検定をして下さる文科省の方々も、よい教科書になるよう助言を下さいます。教科書ってよくできているものなんだから、しっかり勉強して下さい。今日はここまでにします、ありがとうございました」

理科の正しさ・国語の正しさ

アリストテレスは《その主題の性質が許す程度の精密さをそれぞれの領域に応じて求めることこそ教育あるもののすることである》（『ニコマコス倫理学』）と言っている。どうも理系の人間は（それも立派な業績のある人ほど）、厳密主義をふりまわすばかりで、バランスのとれた見方のできない人が多いなあと、工業大学暮らしでしみじみと感じたものだった（中学や高校の理系の先生もそうじゃないのかなあ）。

アリストテレスはそれ自身で存在している物を実体（ウーシア）と呼び、実体を第一実体と第二実体に分けた。第一実体とは存在している個々の物（個物）のこと。実在しているのは個物であり、〈このもの〉と特定できるものである。個物はそれぞれが違って個性があり、てんでんばらばら。しかし、てんでんばらばらでは学問にならない。共通性・普遍性を求めるのが学問である。その共通性・普遍性が第二実体であり、普遍性とは〈このもの〉ではなく〈このようなもの〉である。第二実体は形相（エイドス）と呼ばれ、また本質とも呼ばれ、この本質をどうやって捉えるかが学問をしていく上で大問題となる。

フッサール（二〇世紀オーストリアの哲学者で現象学の創始者）はこんな主旨のことを言っている（『経験と判断』）。それを竹田青嗣氏の解釈（『プラトン入門』）に基づきさらに要約すると次のようになるだろう。「円の〈本質〉とは何かと問うと〈一点から等距離にある全ての点を結んだもの〉とふつうは考えるが、これは幾何学的な〈定義〉でしかない」とフッサールは前置きし、本質を見て取るには「〈円〉とか〈円い〉という言葉で浮かぶさまざまなもの、ボールや線路のカーブや、電球等々をどんどん思い浮かべてみる。その上で、それらの像の外的な違いを捨てさってなお共通項として残り続けるようなある〈同じ感じ〉があるとすれば、それが〈円の本質〉である」。

幾何学の定義通りの円柱形の生物は存在しない。だが生物は円柱形のイメージで捉えられ、円柱形のようなものが生物の形相・本質だと言ってかまわないのではないか。ちょっとゆるくアバウトに見た方が本質をつかまえられるというわけだ。

そもそも個物は定義できない、ロゴスで漏れなく言い尽くすことはできない。そして目の前にいる生物個体は個物なのである。だから生物を定義することはできない。だが、定義する代わりに共通する性質をいろいろあげることができ、それらの性質のすべてでなくても、ある程度備えていれば生物と呼んでいいと考えるという、そのくらいゆるやかに捉えるのが生物学の立場である。それに対して分子や原子は概念（つまり頭の中で作ったもの）だから定義できる。概念（定義）が先にあり、それを現実の分子にあてはめる。分子は目に見えないから、本当は個々の分子にもよく見たら個性があるのかもしれないが、よく見るということができないほど小さいし、さらにものすごく小さい世界では観察するという行為によって観察される方も変わるという観察者効果も働くから、そもそも細かな違いなどたとえあったとしても分からない。だから概念と個物の差は表れにくい。また、ものすごく多数の分子をまとめて統計的に考えるのが化学の常套手段で、その場合は個物を扱わない。そういう分野だからこそ、たとえば「酸素分子」というものをきっちりと定義することが可能になるのである。こういう物理や化学の分野と、生物個体という目に見える個物が厳然と存在していてそれを扱わねばならない生物学とでは、学問の性格が違ってきて当然だろう。目に見える個物と悪戦苦闘しながら、なんとか普遍的概念にまでもっていくのが生物学。「生き物は円柱形」はその入門として、なかなか良い教材だと自負している。

さらに言えば、生きていくとは、日々、個別の事態に直面しながら悪戦苦闘すること。その個別の経験から、なんらかの共通性・普遍性を抽出し、以後の参考とする知恵を身につけていく。その訓練としても、この「生き物は円柱形」という教材が少しは役に立ってくれればいいなと願っている。

〈コラム〉カントの反省的判断力

このあたりはカントが問題にしたところだった。彼は「規定的判断力」と「反省的判断力」を区別する。《普遍が与えられていて、そこに個別を包摂する判断力は規定的である。……個別だけが与えられていて、それに相当する普遍を、判断力により見つけなければならない場合、その判断力はただ反省的である》(『判断力批判』)。

これを「生き物は円柱形」にあてはめてみよう。あらかじめ決まっている幾何学の円柱形という概念に、個々の生物が合うかどうかを判断していくのが「規定的判断力」。ところがさまざまな個性をもつ個物に幾何学の概念をそのまま当てはめるわけにはいかない。個物から共通性を見つけ出すには、まず、生物は「円柱形とみなせるのではないだろうか」とゆるやかに考える。そして個々の生物に対し、これは円柱形とみなせるかなあと、自己の判断を反省しつつなんとか決断を下していく。そうする間にも、そもそも生物の形に円柱形という概念を当てはめること自体が適切なのかしら、ひょっとするとさらによく当てはまる別の概念があるかもしれないと反省する。こうして反省しいしい、これだけ多くの生物が円柱形とみなせるのだから、生物は円柱形だと言っても、まあいいのではないかと、それなりに妥当する普遍的概念へと円柱形という見方を育てていく。こういうやり方をカントは「反省的判断力」と呼び、多様なものから普遍性を見出す上でとるべき方法だとしたわけである。

自然はこうなっていると頭から決めてかかるのが規定的判断力。それに対して、自然はあたかもこうなっているかのように私には見え、そう見ると私は納得できるという、自分が納得する見方を得るのが反省的判断力。だからかなり主観的だし、一〇〇％そうだと言い切れるわけではないから蓋然的な言い方（その確率が高いという言い方）になる。そしてこのやり方は、自然はよくできているなあ、とくに生物は目的などないにもかかわらず、あたかも目的をもつようにできているなあと、自然に自分なりの意味を読み込んでいくやり方でもある。

二つの判断力を理科に当てはめれば、物理・化学は規定的判断力に、生物は反省的判断力に依存する学問になるだろう（生物学でも分子機構を扱う分野は規定的判断力）。

第六章

円柱形の進化

生物の歴史において円柱形がどんなふうに進化してきたかを考えておくことにしよう。進化の歴史をもつところが生物の特徴である。

生物は膜に包まれた水である

生物は約三八億年前に水中で生まれた。当時の地球では今よりももっと活発に化学反応が起きており、その結果できたさまざまな有機高分子が水中に漂い、それらが水中で化学反応を起こしていたと考えられる。水中には脂質（油）の分子が並んで膜状になったものも漂っていただろう。脂質の膜は水の動きでもみくちゃにされるとちぎれて丸まり、まわりの水を包み込んだ小胞をつくる。油と水との間には、二つの接する面積をなるべく小さくしようとする力（界面張力）が働くから、小胞は表面積が最小の形、すなわち球形になる。大昔、脂質の膜が小胞になった時、包み込んだ水にたまたま高分子が溶けていた――これが生命誕生だとみていい。

高分子一個だけでは生物にはならなかったし、たとえ分子が一時的に集まることがあっても、流れで四散してしまえば元の木阿弥。まわりの水ともども、膜に包み込まれて四散しないようになり、かつ膜により自己と外界が区切られて自己が確立された。ここから生物が始まったとみなしてよいのではないか。こうしてできた最初の生物は球形であり、〈膜に包まれた水〉と呼べるものだった。

現在の生物は体が細胞からできている。細胞の中身は八五―九〇％が水。この水が細胞膜という脂質製の膜で包まれているから、最初の生物同様〈膜に包まれた水〉とみなせるものである。だから最初の生物の誕生とは、最初の細胞の誕生と見ていい。生命誕生以来〈膜に包まれた水〉という体の基本構造は、現在まで変わることなく引きつがれて来た。細胞で体ができていることが生物の重要な共通点の一つに数え上げられるのはこのためである。

体は水っぽい細胞が集まったものだから、体全体も水っぽい。どの多細胞生物でも、水が体重の六―九割を占めている（ヒトの場合は六割）。生物の顕著な特徴は水の多いこと。アバウトに見れば生物は水溶液の一形態である。

初期の生物は体が細胞一個からできている単細胞生物だった。そこから多細胞生物が生まれてきたのだが、多細胞生物の体内の個々の細胞は組織液に浸されており、体の外側は皮製の袋（皮膚・体壁）で包まれている。水に満たされた大きな皮製の袋の中に多数の細胞（これも水が大部分のもの）が入ったものが多細胞生物なのである。体壁は膜とみなせ、中身のほとんどが水なのだから、体全体もやはり〈膜に包まれた水〉と見ることができるだろう。

これは水の詰まった大きな風船の中に、さらに小さな水の詰まった風船が多数浮いているようなものであり、風船なのだから前章のミミズのところで述べたように、その断面は丸くなる。

水中では化学反応が起きやすい

水溶液中では化学反応が起きやすい。その理由は以下の通り。学校での化学実験を思い出してみよう。まずやったのは水溶液をつくること。棚から試薬瓶を取り出し、中の粉を決められた量だけ計りとって水に溶かす。何種類かの水溶液をつくってから、おもむろに実験にとりかかっただろう。

化学反応が起きるには、分子が移動して行って他の分子とぶつかる必要がある。粉（固体）の状態では、分子は結晶中に固定されており動けず、反応は起きない（反応が起こらずに試薬が長持ちするから、試薬は固体状態で保管されているわけだ）。そこで液体にする。液体とは分子がばらばらになった状態で、これなら分子は熱運動により移動して行って他の分子とぶつかることができる。じつは気体の方がさらに動き回りやすいのだが、気体は分子同士が遠く離れており、ぶつかるチャンスが低い。そこで化学工業においては圧力をかけて分子間距離を短くするか、高温にして分子の移動速度を上げてやる。しかし高温・高圧の実験は合にも当てはまる。

学反応が起きやすいことになる。そしてこれは生物という常温常圧下で生きているものの場

教室では無理。結局、常温常圧（地球上でのふつうの温度と圧力）ならば液体の状態が一番化

液体の状態にするには水に溶かすことが多い。水が手近に大量にあり、水ほど何でも溶かすものは他にないからである。（水のように）相手を溶かすものを溶媒、溶けこむ方を溶質と呼ぶ。溶けるとは溶質の分子が溶媒の分子と弱く結合することである（強く結合すれば化学反応が起きてしまう）。水は多くのものと弱く結合するが、これにはH_2Oという水分子の構造が関係している。Oは電子を引きつける性質をもつためO側が少しマイナスになり、そのせいでH側が少々プラスになる。つまり水分子の内部で電荷の分布に偏りが生じており、分子にプラス端とマイナス端があることになる（これを分極していると呼ぶ）。

塩（NaCl）はNa^+とCl^-というプラスとマイナスのイオンが電気的に引き合って結晶をつくっている。こういうイオン同士の結合でできた結晶に水を加えると、水分子のマイナス端がNa^+を引きつけ（つまり弱く結合し）、別の水分子のプラス端がCl^-を引きつける。その結果、結晶は解体して水に溶ける。

水分子が別の形の弱い結合である「水素結合」をつくって溶かす場合もある。水素原子に

は、酸素原子Oや窒素原子Nのような電子を引き付けやすい原子の間に入り、原子同士を橋かけして弱い結合をつくる性質がある。アミノ酸（タンパク質の構成成分）や、プリン・ピリミジン（核酸の構成成分）にはOやNが多数含まれている。水分子はOとHが結びついたものだから、これら生体高分子のOやNと水分子のOの間には、水のHが仲立ちとなり、水素結合ができることになる。それにより高分子は水に溶けて水中に伸びひろがり、移動しつつ化学反応を起こすことができる。

水は多くのものを溶かす、つまり溶媒として大変に優れたものである。そして水は地球に豊富に存在する。だからこそ水中で生物という常に活発に化学反応を起こすものが誕生できた。水は生命が存在する前提なのであり、地球外生命が存在するかを調べる際には、その星に液体の水があるかどうかをまず調査する。

赤ん坊の含水率はなんと八割。含水率は成人になるまでに六割へと落ち、さらに歳をかさねるにつれ少しずつ落ち続け五割近くにまで減少する。含水率の減少と平行して基礎代謝率（エネルギー消費量、つまり仕事量、二一八頁）が落ちる。水が少なくなるに伴い、どんどん体は不活発で働かなくなっていく。「歳とって枯れてきた」などと言うが、枯れるとは「水気がなくなって機能が弱り、死ぬ意」（広辞苑）。生体が機能する（働く）にはみずみずしいことが不可欠なのである。

個体発生でも進化の過程でも〈膜に包まれた水〉だった

ダーウィンの進化論が発表されるとすぐに感銘を受けてこれを広めた人間にヘッケル（ドイツ）がいる。その彼が「生物発生原則」を提唱した。「個体発生は系統発生を繰り返す」、つまり卵から親へと発生する過程（個体発生）は、その生物が進化してきた過程（系統発生）を繰り返すという考えである。現在では厳密には正しくないとされているが、この説には正しそうに見える場合があることは認められている（そして、この説はわれわれ一人ひとりが三八億年の進化の歴史を自ら体験しているという主張であり、これは自分自身を尊重したくなる発想だと評価したい）。そこで高校の教科書に必ず載っているウニの発生の過程を取り上げ、その際の形の変化から、進化の過程で起きた形の変化を想像してみたい。君たちの中にも、ウニの発生の実験を行った人もいるだろう。発生過程を通して〈膜に包まれた水〉という体のつくりは保たれることを見てみよう（図1）。

個体の発生は卵と精子が合体し、受精卵になるところから始まる。受精卵は一個の球形の細胞であり、最初に進化した生物もそうだったと先ほど考えた。受精卵は分裂を繰り返し、細胞の塊になる。たぶん初期の多細胞生物もまた塊状、つまり球形だったと思われる。

　さらに細胞分裂が繰り返されると、細胞は体の表面にずらりと並び、ちょうど中空のゴムボールのような形になる。この段階の胚が胞胚（胚とは発生初期の個体、胞は膜に包まれた小さなもののこと）。こんな中空の形をとるのは、外界に接する表面積を確保するためだろう。数が増えた細胞の必要量をまかなうだけの栄養や酸素を体外から取り込む必要があるのだが、まだ口ができていない段階では、体の表面からそれらを取り込むことになる。すべての細胞をシート状にずらりと並べて表面に配置すれば必要なものを体の内部まで運ばずに済みてっとりばやい。並んだ細胞のシートとは細胞製の膜と見なすことができるし、ボールの中は水。だから胞胚も〈膜に包まれた水〉と言える。

　次に、ゴムボールを指で押し込むように、表面にあった細胞のシートの一部が管状に内部に入り込んで伸びていき、腸の原型（原腸）ができる。この段階の胚が原腸胚。管状に内部に伸びたとは、表面に深いしわをつくったことであり、それだけ表面積が増したことになる。原腸の中に食物を抱え込めば、その広い表面で時間をかけて消化・吸収できる。

　原腸胚の表面を覆っている細胞のシートを外胚葉、内側に潜り込んで原腸をつくっている細胞のシートを内胚葉と呼ぶ（胚葉とは発生初期にできる細胞が並んでできたシートのこと）。

内胚葉と外胚葉との間は胞胚時代と同様、水の詰まった空間になっており、そのため原腸胚でも〈膜に包まれた水〉という体のつくりはかわらない。

図１　個体発生

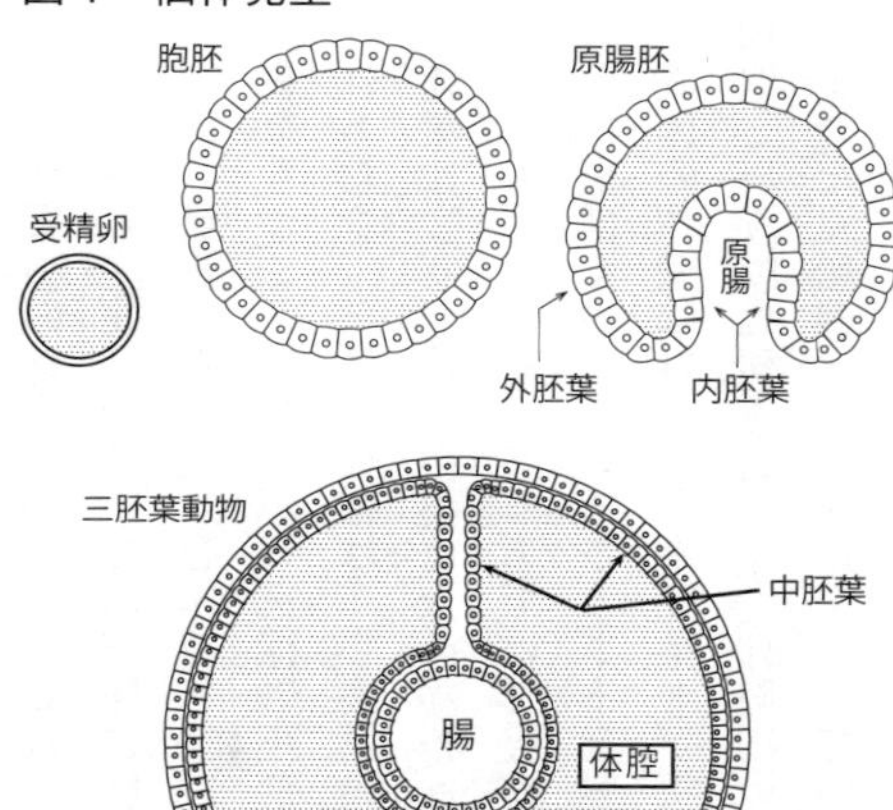

点を打ったところが水の部分。受精卵から成体まで〈膜に包まれた水〉という構造を持つ

ヘッケルは進化の過程において、現実に原腸胚（原語はガスツルラ）のような生物が存在したと考え、それをガストレアと呼んだ。ガストレアは現在でも生き残っており、それが刺胞動物（クラゲ・サンゴ・イソギンチャクの仲間）だと彼は主張した。この考えには今でも支持者が多い。刺胞動物は内胚葉・外胚葉の二種類の胚葉のみをもつため二胚葉動物と呼ばれる。

　原腸胚からさらに発生が進むと、二つの胚葉の中間に中胚葉という細胞のシートができ、これがすでにある二つの胚葉を裏打ちする。たとえて言えば、外胚葉と内胚葉のあいだの空間に風船をふくらませたようなものであり、風船のゴム膜が中胚葉。風船の中の空間を体腔と呼び、この中には水が詰まっている。これで胚は三種類の胚葉をもつことになるが、三種の胚葉をもつ動物を三胚葉動物と呼び、ほとんどの動物がこれにあたる。三胚葉動物は二胚葉動物から進化したものだと考えられている。

中胚葉により、体の中央に水の満たされた袋（＝体腔）ができることになり、これは成体になっても保たれる。ミミズでは体腔が体の中央の大きな部分を占めており、ヒトにおいても胴の中央部を占めていてさまざまな臓器がその水に浮いていることは先ほどの授業で述べた。成体の体壁は外胚葉と中胚葉とが接着してできている。だから結局、成体においても体は体壁という膜に包まれた水（体腔内の水）であることに違いがない。そしてそのような水の詰まった風船のような構造をとっているからこそ、動物の体は断面が丸くなるのである。

以上のように発生のどの段階で見ても生物は〈膜に包まれた水〉なのであり、また進化のどの段階においてもそうだったと思われる。だから〈膜に包まれた水〉は生物の大きな特徴の一つと言っていい。

細胞も体も進化の過程で大きくなった

個体は成長の過程（個体発生の過程）で細胞一個の小さなものからスタートし、どんどん大きく育っていく。進化の過程（系統発生の過程）においても、生物は細胞一個で顕微鏡サイズの小さなものから始まり、時代が下るとともに大きなものが現れた。初期の生物は単細胞生物。今から約一〇億年前になって初めて多細胞生物が進化してきた。細胞数が多いのだから、一個の時代にくらべ体が大きいのが普通。そしてその多細胞生物の中から骨格系を備えて大きな体を支えられるものが進化し、中生代（約二億年前）には恐竜のような巨大なものが登場した。現在でもシロナガスクジラという大物がいる。

じつは細胞のサイズも進化の過程で大きくなったのである。現在見られる細胞には原核細胞と真核細胞の区別がある。初期の生物はみな原核細胞一個で体ができている原核生物だった。細菌や古細菌の仲間である。それに対して真核細胞で体ができているのが真核生物で、多細胞生物はすべてがこれ。単細胞生物にも真核生物がおり、たとえばゾウリムシやアメーバなど。真核細胞が登場したのは今から二〇億年前あたりらしい。つまり生物の歴史の最初の半分は原核生物のみの世界だったことになる。

原核細胞と真核細胞の違いは、真核細胞の核が膜（核膜）で包まれている点。細胞の大きさにも違いがあり、原核細胞の直径はせいぜい千分の一ミリだが真核細胞はその一〇倍はある。

さらなる違いは、細胞小器官の有無。細胞小器官とは、細胞内に見られるミトコンドリアや葉緑体のような、一定の機能をもつ膜で包まれた構造物のこと。原核生物にはこれがない。

他の生物と関係をもつのが生物の特徴

じつはミトコンドアも葉緑体も、起源をたどれば元は原核生物だった。それが他の原核生物の中に入り込んで細胞小器官になったのである。入り込んだ側を客、それを受け入れた側をホテルと呼べば、ホテルとなったのは古細菌の仲間。客は細菌やシアノバクテリア。細菌がミトコンドリアとなり、シアノバクテリアが葉緑体となった。客がそのまま居ついて従業員になったおかげで、ホテル側は以前になかった新たな機能を獲得した。ミトコンドリアをもつことにより酸素を使って効率よくATPを生産する能力が得られ、葉緑体のおかげで光合成能力が得られたのである。いずれの場合にも二つの原核生物が合体したのだから、合体後に細胞のサイズは当然大きくなっただろう。実際、真核細胞は原核細胞よりずっと大きい。

二つの異なる生物が一緒に生活していることを共生と呼ぶ。ミトコンドリアや葉緑体の例では共生関係がさらに深まって同一の生物になってしまった。生物の特徴として他の生物と密接な関係をもつ点があげられるが、それは同じ仲間の間（たとえば有性生殖における雌雄の関係）のみならず、異なる仲間とも関係をもつのが生物なのである。関係の深さはさまざまで、共生は深い関係の例。食う―食われるも関係の一種である。

原核生物から真核生物への場合のように、サイズの増大は機能の増加と関係してきたようだ。そもそも新しい機能をもつということは、その機能をはたすための新しいタンパク質をもつ必要がある。するとそれを収容するスペースも当然必要になるから、体もより大きくなる。より多くの優れた機能をもつものは、より生き残りやすいだろう。ただし大きくなると相対的に表面積が減少するという問題が生じ、それが生物の形に影響してくる。

〈コラム〉体の大きさと表面積

大きさと表面積の関係をまとめておこう。一辺の長さがLの立方体（サイコロ形）があるとする。その表面積$S=6L^2$、体積$V=L^3$だから〈体積当たりの表面積〉$\frac{S}{V}=\frac{6}{L}$となる。サイズが大きくなるほど（Lが長くなるほど）表面積が相対的に減る。

生物の場合、体積は細胞の量にほぼ等しい。そして細胞がエネルギーを使うのだから、体が必要とするエネルギー量は細胞の量＝体積Vに比例するだろう。つまり需要はVに比例することになる。そのエネルギーをつくりだすための原料である栄養や酸素は体の表面を通して入ってくるから、供給量は表面積Sに比例する。そこでS/Vとは〈供給量／必要量〉を表すことになり、これがLに反比例して減る。結局、大きなものは供給が需要に追いつかずエネルギー不足に陥るおそれがあり、形を工夫して表面積を広げる必要が出るのである。今、エネルギーのことを考えたのだが、表面を通して入って来るのは食物や酸素だけではない。情報もそうである。だから表面積の確保はきわめて重大であり、これとサイズの増大をどう折り合いをつけるかが大問題。

もちろん球形から平たい形へと姿を変えてしまえばこの問題は解決できるのだが、それでは体を支える問題が出るのは前章で見た通り。

問題の解決策としては、胞胚がやったように、中心部は空っぽにして、生きた部分を表面だけに並べるやり方がある。ただしこの方式は体の小さいうちしか使えない。ボールの中の圧力はボールの直径に反比例して減ってしまうため、ボールが大きくなるととたんに内圧が下がってヘニャヘニャとつぶれやすくなる問題が生じるからである。つぶれてしまえば平たい形になってしまう。

別の解決策は原腸胚がやったように表面にしわをつけるやり方。ただしこれにも限りがある。そもそも球は表面積が最小であり、その表面にしわをつけるとしても、表面に生やせるしわの数には限度がある。

ここまでは酸素のように表面から入ってくる場合を考えたが、表面から出ていく場合も重要である。排泄物は表面を通して体外に捨てられるし、熱も体表から出入りする。陸の生物なら水が表面から逃げるのが大問題。とくに体の小さいものが乾燥しやすいことは次のコラムを参照（一八七頁）。

円柱形の進化

球はどの方向にも同じ厚さだから、曲げる力がどちらから加わってきても強いし、また中空の球なら、内側から力が加わっても破裂しにくく、外側から力が加わってきてもつぶれにくい。球は最強の形なのである。ただし体積当たりの表面積が最も小さいのも球。だから小さいうちは球形でよいのだが、体が大きくなると形を変えて表面積を増す必要が出る。

そこでどうするか。丸いという球の強さを受けつぎ、丸いまま細長くなって表面積を増やせば円柱形になる。ウニであれカエルであれ、最初、胚は球形をしているが、発生が進むにつれ細長く伸びていく。前章の授業で見たとおり、成体になった生物の非常に多くのものは円柱形なのである。ちなみに先ほどウニの発生を見たのでウニについてコメントしておくと、ウニの幼生は上に広がった縄文土器のような形のプルテウス幼生になる。これは円柱形の変形と言えないことはない。ただし、変態して成体になったウニは球形。これでは表面積の問題が生じるはずだが、ウニでは酸素を使う器官の多くが体の表面に分布しているので球形でも問題にならないと思われる。球形は一番強い形であり、球形の殻の上に円柱形の棘（とげ）を生やしてウニは身をしっかりと守っている。

多くの生物では、成体は円柱形をしている。動物の場合は横倒しの円柱形で、陸に住む動物では円柱形の胴から円柱形の脚が四本や六本、下向きに突き出している。植物の場合は垂直に立った円柱形で、上方へは円柱が枝分かれしながら広がっていき、土中では逆に下方に枝分かれして広がる。枝分かれした円柱（分枝円柱）の形をとっているのが植物である。

円柱形は強いだけではない。さまざまな長所をもっている。円柱形は断面が丸くて全体が細長いが、「丸い」と「長い」に分けて長所を見ていこう。

a　丸い長所

①強い

②引っかからない　丸くて角がないと運動の際にひっかかりにくい。

③どの方向へも均等に向き合える　植物の場合、光を集めたり、土中から水や栄養塩類を集める上で、どの方向からもまんべんなく集められるので効率が良い。動物においても、た

とえばイソギンチャクやヤギ（樹木の形をした刺胞動物）のように海底に固着しており、泳いでくる餌や流れにのってくる餌を捕まえるものでは同様のことが言える。

④風や流れの中で力を受けにくい　丸いものに風が当たると角のあるものより乱流になりにくく抵抗が減少する。そのため木は強風で折れたり根こぎにされる危険が減る。また幹がまんまる（真円）以外の形だと、風が当たった場合、幹が翼として働き、風の方向に垂直な力が加わってしまい、これも幹が折れる危険を増す。

⑤各部分間の距離が短い　同じ面積のもので比べれば、円が各部の距離が一番離れていない形である。だから各部間で養分や情報をやりとりする上で有利。もし体が円柱形なら、中央に幹線として太い神経や血管を通し、この幹線から表面に向かって放射状に支線を延ばせばすばやくすべての部位に情報や物質を送ることができる。

b長い長所

①（球よりは）表面積が増える　木の幹で表面が増えれば、枝をつける表面が増えてそこからたくさんの枝を出し、枝先に葉をつければ光合成する面が増す。根なら水を吸収する面積が増す。泳ぐものの場合は、この広い表面を使って水を押して進むことができる。

②丈高くなれる　木なら日陰になりにくい。海底に固着している動物だと、水の流れは基

盤から離れるほど速くなるから、プランクトンなどの流れにのってくる餌をより多く集められる。

③梃子(てこ)として使える　長い脚を梃子として使ってより速く走れるようになる。

④泳ぐ際の抵抗を増やさずに体積を大きくできて組織の量を増やせる　とくに球を、流れに向いた面の直径を変えずに流れの下流方向に体を伸ばしながら徐々に細くすると流線形になり、抵抗を大幅に減らすことができる。抵抗が減ればそれだけエネルギーが要らず楽に泳げるし、同じエネルギーを使ったならより速く泳げるようになる。抵抗が半減すれば四〇%ほど速く泳げるようになるだろう（速度が倍にならないのは、速度が増せば抵抗も増えるから）。

動物の進化

進化の最も早い時期に登場した動物だとされているのが海綿動物門である。カイメンは穴のたくさん空いた袋状の体をもち、海底に固着している。体をつくっている細胞は袋の外側も内側も海水に面しているから、表面だけで体ができた生きものだと言っていい。鞭毛(べんもう)で水流を起こし、流れに乗ってくる有機物の粒子を濾(こ)しとって食べる。岩の表面を覆ってぺったりと生えているものは、下の岩に合わせた形をしているが、岩から立ち上がって背丈の高くなるものは中空の円柱形をしている。

カイメンに次いで進化史上古い仲間だとされているのがヘッケルのガストレア（一七三頁）、すなわち刺胞動物門（クラゲ・サンゴ・イソギンチャク）である。イソギンチャクは中に水の詰まった円柱形、つまり水で満たされた袋状の体をもち、海底に固着している（これをポリプという一般名で呼ぶ）。袋の上端中央に口があり、それをぐるりととりまくように細い円柱形の触手が並んでいる。これで餌を捕まえて食べる。袋の内部は口を通して外の海水とつながっているから、細胞は内部のものも直接外の海水に面しており、体は表面ばかりとも言える構造なのはカイメン同様。クラゲはイソギンチャクがひっくり返って口と触手を下に向け、海中を漂っているものと思えばよい。多くの刺胞動物は浮遊するクラゲ世代と固着生活するポリプ世代の両方をもち、世代が交互に交代する。

海綿動物も刺胞動物も固着して動かないか海中に漂っているもので、速く泳ぐものではない。海底を覆うカイメン以外は円柱形で、円柱の丈の高さはさまざまだが、これは流れの中から餌をとるのに適した形である。直径や高さが一ｍにもなる大形のものもいるが、体じゅうが表面なのだから、大形化しても〈表面積／体積〉が低下する問題は生じない。

刺胞動物という固着性で放射相称の円柱形の動物から、移動運動に長じた左右相称の円柱形の動物たちが進化したと考えられている。海の中にはそのような動物がたくさんいる。ヒモムシ（紐形動物門）、線虫（カイチュウの仲間、線形動物門）、ゴカイ（ミミズの仲間、環形動物門）、ユムシ（ユムシ動物門）、ホシムシ（星口動物門）等々。リンネはこれらをひとまとめにして蠕虫と呼んだ。蠕とはうごめく意（腸の蠕動運動の蠕）。体をうごめかせ、円柱形の体側の広い面積を用いて泳いだり地面を押したり掘ったりして動くものたちである。

円柱形の動物は一端に口があり、口を前にして進む。長軸が前後軸である。その軸に垂直なのが上下軸で、下が腹側、上が背側。後端近くに肛門が下向きについている。前端には口の他に感覚器官（眼・鼻など）や脳があり、これらが頭部を形成する。

これは動いて行って餌をとるのに適した形である。口が前端にあれば、いち早く餌に食らいつけるし、味や匂いの感覚器官が口の側にあれば、食べられるものかどうかを即座に判断できる。また、餌がどこにあるかを知るための光や匂いの感覚器官も進行方向前端にある方がいい。そしてそれらの感覚器官から集められた情報をもとに判断する脳は、感覚器官のすぐ側にあるのがいい。各感覚器官からの情報がすぐに脳まで伝わるし、もし、感覚器官から脳まで神経の経路が長いと、途中で雑音が入って情報が乱される恐れがあるからである。そこで、口・感覚器官・脳が体の前端に集まって頭が形成される。肛門は後端にあるのは当然で、前端にあった自分の排泄物をかきわけて進むことになってしまう。

餌を求めて前へと泳いでいくための運動器官は、蠕虫の場合、円柱形の体全体である。円柱の広い側面を使う。体を左右にくねらし、くねりの波を前から後ろに伝えることにより水を後方へ押しやって進む。脚を生やして水を掻いて泳いだり海底を這うものの場合は、脚は体から左右対称に生えている。脚の数が左右で異なっていたら、まっすぐに進むことが難しい。また、体はまっすぐ伸びた円柱でないと、体がいつも舵を切った状態になってしまい、やはりまっすぐ進めない。こうして左右相称で前後軸のある円柱形の体が進化した。われわれヒトも円柱仲間の一員である。

植物は分枝円柱として進化した

藻類は体全体が葉のような平たい形のものが結構いるが、これは水中では浮力が働くため、円柱形にして体を支える必要がなく、体全体を平たくして光合成の面積を広くするのがよいからである。それでも海底に体を固定して体をもちあげる柄の部分は強度の必要上、円柱形になっている。

水中の藻類（緑藻）の仲間から進化して陸に上がったのが植物である。約五億年前に上陸したらしい。初期の植物は平たい体をもち、地面をぺったりと覆うものだった。現生の植物で最も進化の初期に現れたのがコケであり、これは今でもそのような形をとっている。その後、地面から立ち上がる植物が現れた。立ち上がるには体を支える構造が必要で、それが維管束である。これは上下に走る円柱形の管であり、その中を水や養分が運ばれる。輸送系として働くと共に、体を支える支持系としても働き、体を丈高く保つことに寄与している。現在繁栄している植物の多くは維管束をもつ植物（維管束植物）である。最初期の維管束植物であるリニアには葉がなく、体全体が枝分かれした円柱形で、丈が二〇—三〇cmあった。

葉が平たいのは、平たいと表面積が大きいから光をより多く集められてよいと授業では説明したが、それは、光の来る方向が定まっていて、その方向に面が向いている場合の話。太陽は東から西へと位置を変えるし、太陽光は散乱されて四方八方から降り注ぐ。だから一方向からの光だけを受けるようにするよりは、あらゆる方向からの光を集めるようにするのがよりいいだろう。そのような場合には、たくさんの細い円柱に分けて、互いに重ならないよう、末広がりに広がった分枝円柱にするのがいい。円はどの方向にも均等に向き合っており、円柱は長いから面積も広い。もちろん円柱形は強いから、その広がった形を保っておれる。同じ議論は根が水や塩類を集める場合にも当てはまる。根には地面を摩擦力で「つかんで」

幹が倒れないように支える役目もあるが、その際も下方に広がった分枝円柱は摩擦面積が広くなっていい。

ただしどんどん光を集めようとして枝の数を増やすと、枝の束の内側や下側が陰になってくる。つまり光の来る方向が限られてくるわけだ。そうなってはじめて平たい葉の出番だろう。葉の登場とともに枝は光合成をやめ、葉を最も有効な位置に支えることに専念するようになった。円柱形の体から、平たい葉を茂らせた円柱形への進化は、以上のようなストーリーが考えられるのではないだろうか。葉の成立に際し、細い枝の間に、膜状の組織が形成されて（ちょうど指の間に水かきの膜がはるように）葉ができてきたと考えられている。

〈コラム〉生物の上陸と愛の起源

生物は長いこと水中だけで暮らしていた。陸には住めなかったのである。その最大の原因は地球に降り注ぐ紫外線。陸上は紫外線が強く、ＤＮＡがそれにより切断されてしまい、生きてはいけなかった。水中ならその問題はない。水の層が紫外線を吸収してくれるからである。

生物が上陸可能になったのは成層圏にオゾン層が形成され、それが紫外線をかなりの程度吸収してくれるようになってからのこと。これにはシアノバクテリアが関係している。彼らが登場して海中でさかんに光合成を行って酸素を放出した。その結果、海水中の酸素濃度が上がり、それにともない大気中の酸素濃度も上がってオゾン層が形成されたのである。

こうして生物が上陸できる条件が整ったのだが、上陸するにはまだまだ困難を解決する必要があった。最大の難題は水問題。生物の体は半分以上が水であり、水を失えば死ぬ。陸では水が手に入れにくく、また体から水が失われやすい。陸という環境は生物にとって、きわめて厳しい環境なのである。

まず植物が上陸した。植物のとった戦略は、地上という光が強く光合成に都合が良いが乾燥しやすい環境と、地中という乾燥しにくく湿っていて水を手に入れやすい環境の両者を同時に利用することだった。根を地中に伸ばして水を得、空中に枝葉を伸ばして光を受ける。地中はかなりの水を含んでいるため、植物は半分水中生活者だと言えないこともない。

植物を餌として節足動物（昆虫の仲間）が上陸した。そして昆虫を餌として四本足の脊椎動物（四足動物）が上陸した。四足動物には両生類・爬虫類・鳥類・哺乳類がいるが、最初に上陸したのが両生類。両生類から残りの三つの共通の祖先となった生物が進化し、その祖先から爬虫類と哺乳類が進化し、爬虫類の一部が鳥となった。

両生類（カエルやイモリの仲間）は、幼生は水中、親では陸と、水陸両方で生活するから両生類。両生類は陸の乾いた生活に適応しきれておらず、水から完全には離れられないのである。

小さいものほど体積の割には表面積が大きい（一七七頁）。水は体の表面から逃げていくから、体が小さいとは、もっている水タンクが小さいのに逃げて行く水の量が多いことを意味し、干からびる危険が高い。小さいといえば、一生のうちで精子・卵・幼生は最も乾燥しやすい危険な時期なのである。だからこそ両生類はこの時期を水中で暮らし、ある程度の大きさに育って初めて陸に上がる。

爬虫類・鳥類・哺乳類の三つは陸だけで一生を送れるように工夫をこらした。交尾により精子を外気にさらすことなく雌の体内に送り込む。そして受精卵を外気にさらしても大丈夫な大きさになるまで丈夫な卵殻の中で育てたり、雌の体内で育てる。胚は卵殻内でも子宮内でも水(羊水)の詰まった袋(羊膜)の中で育っていく(だから爬虫類・鳥類・哺乳類は有羊膜類としてまとめられている)。カエルや魚の卵よりヤモリや鳥の卵がずっと大きいのは、乾きにくい大きさまで卵殻内で育つ必要があるからである。

哺乳類はかなりの大きさになるまで母の胎内で育てる胎生という大変な作業を行う。大変さはそれで終わりではない。生まれた後も乳を与えてさらに大きくなるまで面倒をみる。陸上の食物(つまり生物)は小さな子には食べることが困難だからである。

陸上の生物は乾燥しないように体表を硬いもので覆っており、また重力に抗して姿勢を維持するための硬い骨格系や細胞壁を備えている。食べるにはこれらを嚙み砕かなければならないのだが、体の小さなうちは歯も顎もひ弱でそれができない。とくに植物は細胞の一個一個が丈夫な細胞壁で包まれており、細胞壁をつくっているセルロースを消化する酵素を動物はもっていない。そこでなんとか植物を嚙み砕いて細胞にひびわれをつくり、その隙間から時間をかけて消化酵素をしみこませないと細胞の中身を食べられない。それには長い腸が必要になるが、小さいうちは腸も長くない。結局、生まれたばかりの子は食べられるものがない。だから親が乳を与えねばならないのである。鳥の場合も、親が軟らかい餌をとってきたり、親が軟らかくした食物を与えて育てる。

交尾は手数のかかる作業である。相手をみつけだし、合意を得なければならない。胎生も哺乳もはなはだ面倒。そんな面倒なことをできるようにと、男女の愛や子への無償の愛が進化の過程で体に備わってきたのだろう。愛という高尚な感情も、陸上生活への適応として理解できる。

ここでひとこと教訓を垂れるとね、そんなめんどうなことを両親がしてくれたおかげで君たちが存在しているのだから、これは感謝すべきことと思っていい。感謝する相手は当然両親であるが、また進化の歴史にも感謝していいのじゃないかしら。万が一自殺したいなどと思った時には、自殺という他の動物には思いもつかないきわめて高級なことを考えることのできる体につくってくれた進化に感謝すればいい。そこまで思い至れば、自殺よりももっと高級なこともできるのじゃないかと、さらに思いが他に移っていくんじゃないのかなあ。

第七章

動物の時間

前の二章では形について考えた。つまり生物は空間をどのように占めているかを考えたわけだ。占め方には丸くて細長いという特徴があった。さて、万物は空間と時間の中に存在している。そこで本章では、生物は時間をどのように占めているかに注目したい。ここにおいても生物特有の特徴が見られるのだろうか。

とはいえ、こんなことは普通考えないだろう。考えようにも最初から言葉に窮してしまうのだ。空間の占め方を示す言葉が形なのだが、時間でそれに対応するものがどうにも思いつかない。それにそもそも時間とは何なのだろう?

アウグスティヌス（アルジェリア生まれのキリスト教教父、四—五世紀）の有名な言葉がある。「ではいったい時間とは何でしょうか。だれも私にたずねないとき、私は知っています。たずねられて説明しようと思うと、知らないのです」（『告白』）。

誰もたずねないときに知っているつもりの時間とは、現代では時計の時間だろう。これはすべてに共通で、生物だからといってとりわけ違うわけではない。だからこそ時間の占め方の言葉が要らないわけだ。せいぜいどれだけのあいだ時間の流れを占めているか（期間・寿命）が問題になる程度だろう。

時計の時間の基礎をなしているのが「絶対時間」である。これは古典物理学の記念碑的著作『プリンキピア』でニュートン（イギリスの大物理学者、一七—一八世紀）が提唱したもの。絶対時間は万物共通の時間であり、いつでもどこでも何にでも常に一定のはやさで流れていき、時間に質の違いは存在しない。

このような時間が実在するかどうかは、さまざまな意見がある。多くの哲学者は実在しないという意見のようだが、本書では、そこは考えないことにする。時間の実体がどうであれ、その時間を動物はどんなふうに占めているのかを考えてみたいのである。そこに注目すると生物と無生物の違いがはっきりと浮かび上がってくる。

感覚器官

まず、私たちが時間をどこで感じているかを考えておこう。私たちは五感で外界を感じていると言いならわしている。そこで五感がどのように感じ取られるのかをまず見ることにする。それにより時間の特殊性が浮き彫りになるし、また今まで強調してきた「体には目的があふれている」ことが、より具体的に感じられるからである。

五感とは視覚・聴覚・嗅覚・味覚・触覚。五感それぞれに、視覚なら眼、聴覚なら耳と、その感覚に特化した感覚器官が体に備わっている（表1）。どの感覚器官であれ、最終的に刺激を受けとるのは感覚器官内に存在する感覚細胞であり、この細胞は決まった種類の刺激に特に敏感に反応するようにできている。鼻ならば嗅細胞と呼ばれる感覚細胞が何種類もあり（ヒトでは三〇〇―四〇〇種類）、嗅細胞の種類ごとに異なる匂い物質に強く反応する。嗅細胞の細胞膜には匂い物質の分子を受けとる受容体が存在し、匂いの分子がそれに結合することが刺激となり、嗅細胞の電位が変化する。細胞は一般に、細胞の内側が細胞の外側に比べ、六〇―一〇〇ミリボルト（ミリボルトは一／一〇〇〇ボルト）ほどマイナスの電位になっており、これを静止電位と呼ぶ。刺激により、静止電位に数ミリボルトだけ、マイナスが少なくなってすぐに元に戻る変化が起きる。これが受容器電位である。耳の感覚細胞（聴細胞）なら、振動により、聴細胞の細胞膜に存在している分子が引っ張られて変形すると受容器電位が発生する。どの感覚細胞であれ、刺激の情報は受容器電位に変換され、さらにそれは感覚細胞に接続している感覚神経の活動電位に変換される。活動電位とは、細胞内の電位がふだんはマイナスの静止電位であるのに、それが一瞬、プラスに変わってすぐに戻る電位変化のことである。活動電位は感覚神経を伝わって脳へと伝えられ、そこで感覚が生じる。脳ではさらにその感覚と、過去の記憶や自己の状態、また他の感覚が統合されて知覚が生じることになる。

表1　五感と感覚器官

五感	感覚器官	刺激	刺激の実体	刺激のエネルギー
視覚	眼	光	電磁波	電磁エネルギー
聴覚	耳	音	音波	力学的エネルギー
嗅覚	鼻	匂い	揮発性分子	（化学エネルギー）
味覚	舌	味	水溶性分子	（化学エネルギー）
触覚	皮膚	接触	圧力	力学的エネルギー

どの感覚器官であれそこで得られた情報は、電位変化という形で脳へと送られるのだから、感覚器官は、外界の刺激のもっているエネルギーを電気エネルギーに変換するエネルギー変換機（トランスデューサー）と見ることができるだろう。眼なら光のエネルギーを、音なら音波という力学的エネルギー（機械エネルギー）を電気エネルギーに変換している。

感覚器官は皆、感覚細胞の感度と精度を上げる補助装置を伴っており、全体として複雑・精巧で大きな器官を形成している。ただし触覚のみは他と異なり、目に見えるほどに大きな感覚器官は存在しない。皮膚全面にパチーニ小体・マイスナー小体等々、接触や圧力を感じる数種類の微小な感覚器官が散在している。小体ごとに補助装置の構造が異なり、接触している間じゅうずっと感じるもの、接触の瞬間だけ感じるもの等々に機能が分かれている。また皮膚に分布する神経の末端も触覚の感受に関与し、これらは温度や痛みも感じている。触覚のみが少数の大きな感覚器官にまとまっておらず、センサーが体全体に分散しているが、これは体の表面どこでももれなく触られた部位を特定する必要があるためである。それに対し、光も音も匂いも、刺激は体にまんべんなく到達するものだし、味の場合は口でだけ感じればよいのだから、体の一～二カ所にしかセンサーを設置する必要がない。数が少ない分、より感度と精度を上げる工夫をこらした大形の感覚器官となっている。

眼

感覚器官として眼をまず取り上げよう。ヒトはおもに視覚を通して外界からの情報を得ているからである。

眼の構造はカメラと驚くほど似ている（図2）。構成要素はどちらにおいても、光の到達する順にあげれば、蓋、フィルター、絞り、レンズ、光感受素子、そして全体を包む暗箱。眼もカメラも、レンズで光を屈折させ像を結ばせる。像の結ばれる面にあるのが網膜や撮像面で、そこには光を感じる素子が並んでいる。眼ならば視細胞、カメラならイメージセンサー（CCDやCMOS、昔のカメラなら像が結ばれるのはフィルムの面や乾板で、そこには光に反

図2　眼とカメラ

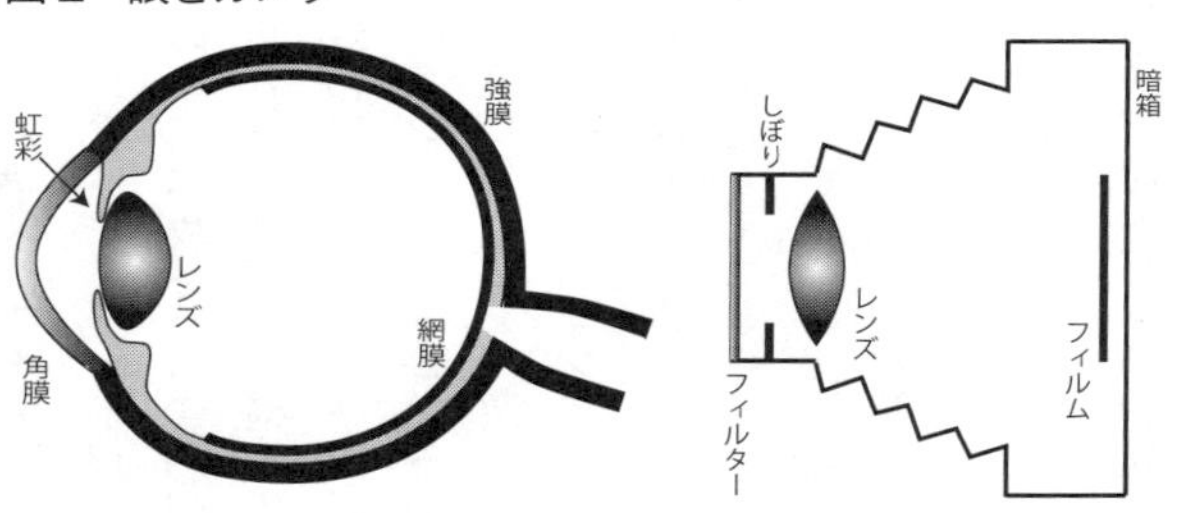

カメラは蛇腹を伸び縮みさせてピントを合わせる古いタイプのフィルムカメラ

応する塩化銀の粒子が並んでいた）。光が視細胞に当たると視細胞に電気的な変化が起こる。イメージセンサーでも電気的変化が生じるのは同じこと。これが光受容の最も重要なところである。網膜や撮像面に到達する光量を調節しているのが虹彩や絞り。これで瞳（光の通る穴）の大きさを変えて光量を調節する。レンズの前には透明なフィルター（カメラの場合）や角膜（眼の場合）があり、これがレンズを守るとともに、眼の場合はここでも光の屈折が起こる。目蓋（まぶた）はレンズの蓋に対応する。網膜の最外層は黒い色素細胞の層になっている。カメラも箱の内部は黒く塗られている。これらの黒い層は不要な光を吸収し、また外から余計な光が入らないようにする役目がある。眼球全体は強膜という強度のある膜で包まれて守られているし、カメラも頑丈な箱の中に入っている。

これほど眼とカメラは似ているのだが、違いもある。大きな違いはピントの合わせかた。カメラではレンズを前後させてピントを合わせるが、眼はレンズの厚さを変える。ただし動物の中にはカメラ方式の眼をもつものもいる。イカ・タコ（軟体動物頭足類）は、われわれの眼と驚くほど似た構造の眼をしているが、ピント合わせに関してはカメラ方式である。

昔のフィルム式カメラに比べ最近のカメラは、さらに眼に近づいてきた。カメラには超小型のコンピュータが組み込まれており、撮像素子からの情報を加工して、光の条件や撮影する対象に合わせて、像がより鮮明に、そして「自然に見える」ように画像処理を行っている。じつは眼にも「コンピュータ」が組み込まれているのである。網膜には視細胞以外にも多数の神経細胞があり、ここで画像の処理が行われている。眼の発生過程をみると、レンズは皮膚が変化してできるが、網膜は脳の一部が伸び出して形成され、眼は皮膚と脳とが合体してできる。眼は脳の出張器官だとも言え、網膜のレベルでもう画像が処理されてしまうのだから、光という外界の電磁波の状態そのままを網膜は「虚心坦懐（きょしんたんかい）」に写しているわけではない（《坦は感情の起伏がない》こと〈岩波漢語辞典〉）。見えているものには心も懐（おもい）も反映しているのである。

以上、眼とカメラの驚くべき類似性を見てきた。外界の像を写しとるという目的のためののオルガノン（道具）がカメラ。これほど構造が似ているのだから、眼も同じく「外界の像を自分の内につくるという目的のための道具」だと理解してかまわないだろう。そしてカメラが写す像とわれわれの眼で得ている像とが、きわめてよく似ているのだから、外界に、何かそういう像を生み出す因となるものが存在していることも、疑い得ないところだと思われる（もちろん因そのものずばりを写し取っているわけではないが）。以上、こんなことをくどくどと述べたのは、目的などという言葉を使うべからずという科学の「正統的な」立場があるし、また、逆の立場としては、外界の世界はすべて脳のつくりあげた妄想にすぎないという考えも存在するからである。

眼もカメラも複数の部分からできており、それらの部分は像を得るという全体の目的のために協調して働く機能をもつ。そしてそれらの対応する部分が、眼とカメラでそっくり。アリストテレスは、各部が相互に作用して全体の機能の実現に役立つ道具として働いているとき、その全体をオルガニコン（＝生物）と呼んだのだが（三二一頁）、その関係は眼という複雑な感覚器官にもそのまま当てはまる。眼の目的は像を得ること、そして眼をもっている個体の目的とは、眼からの情報や他の感覚器官からの情報を統合して判断し、餌を得たり敵から逃れたり、生殖相手をみつけたりして、〈私〉が生き延びることである。個体という目的をもつオルガニコンの中に、感覚器官という目的をもつオルガニコンが入れ子になっている。だからこそアリストテレスは眼の機能である視覚を個体における魂にたとえたわけだ（四一頁）。いずれにせよ、それほど機能・目的に満ちみちているのが私たちの体なのである。

それにしても、脊椎動物とイカ・タコという、系統的にかけはなれた動物にこれほどまでに似たものが生じ、それが技術の生み出したカメラとほぼ同じだとは、驚くべきことではないだろうか。人類は技術をある目的のために使っているのだが、もし目的を抜きにして生物を考えて、ただ偶然ばらばらにわれわれの眼もイカの眼もできたと考えてしまったら、このカメラ・ヒトの眼・イカの眼の三者がこれほど似ることは確率的にあり得ず、超自然的奇跡だとしか言いようがない。単なる偶然ではなく、生物はあたかも目的をもつかのように進化を積み重ねてきた結果がこうなったのだと考えてはじめて、この「奇跡」をありうることとして理解できる。

舌

眼は相手が何であっても一応見えており、自分の役に立たないものは《視(み)れども見えず》というわけではないが、《食らえどもその味を知らず》（大学〈儒教の経典の一つ〉）という具合にできているのが舌である。ヒトの感じる味は五種類。甘味・塩味・うま味・酸味・苦味である。甘味は糖、塩味は塩、うま味はアミノ酸や核酸というように、食べて体のためになるものを、それぞれの味として感じている。一方、酸味をもつのは腐ったものだし、苦いのは毒物で、これらは食べてはいけないもの。つまり自分が生き残るという目的に照らして感じる必要のあるものだけを感じているのが舌。それ以外は《食らえどもその味を知らず》なのである。アリストテレスも、《(味覚が)区別するのは、飲めるものと飲めないもの》と言っている(『霊魂論』、舌は水に溶けた物質を感じるのだから、飲める＝食べられる)。感覚器官が生き残るという目的のためのものだということがよく分かるのが舌である。

ちなみに「から味」は味覚に入っていない。なぜならからさを感じるのは温度の感覚細胞だから。トウガラシは英語でホットペッパー。からい＝熱いのである。

時間の感覚器官

さて、時間も五感の内には入っていない。ということは、私たちは時間を感じていないのだろうか。それとも時間は「第六感」であり、五感とは別の感覚器官があるのだろうか？

もちろん体が時間と無縁というわけではない。時間に特化した体内の機構がいくつか知られている。その中で最もよく調べられているものが概日時計（二〇一七年のノーベル賞はこの分野の研究者に与えられた）。概日時計は概一日のリズム（概日リズム）を刻んでおり、このリズムに基づいて起きて寝てなど一日周期の行動（日周行動）が起きる。概日時計の実体は時計遺伝子で、哺乳類の場合、脳の視交叉上核の細胞に時計遺伝子が存在し、この活性が約一日周期で変化する（視交叉とは左右の眼からの視神経が交叉する部位。この視交叉の真上にある一㎜弱の神経細胞の塊が視交叉上核で、脳の視床下部の一部である）。

「概（＝約）」の字がつくのは、周期が二四時間ぴったりではないから。動物により、二四時間より少し長いものも短いものも存在する（ヒトは平均二四時間一五分で、若干の個体差がある）。一日ぴったりではないため、放っておくと概日時計の周期による「朝」が地球の自転による朝からどんどんずれていく。そこで朝日を浴びることにより日々概日時計の時刻合わせを行い、外界の明暗周期に合うように調整している。

時刻合わせが必要だということは、概日時計が外界の時間を直接感じているのではないことを示唆している。時間の進行にともなう外界の明暗変化を感じているのは眼なのだから、視交叉上核を時間の感覚器官とは呼べないだろう。

概日時計は体内に存在する各種リズム発生器の一種であり（他には心臓のリズムや呼吸のリ

ズムなど）、そのリズムが、地球の自転から生じる外界のリズム（明暗のリズムや寒暖のリズムなど）に合わせやすい周期になっているものが概日時計だろう。リズムが時間の一種だとすれば、視交叉上核を時間の感覚器官ではなく、時間の発生器だと見ることもでき、そうなると、概日時計のリズムが動物により異なるのだから、時間も異なることになり、万物共通という絶対時間の概念は崩れる。

以上のことからすれば、概日リズムをもとにして時間を感じているとは考えにくい。では時間の感覚器官はどこを探せばいいのだろう？　通常の意味での感覚器官を探すのは無駄なのかもしれない。なぜなら、五感の感覚器官は、すべて外界の現象のもつ各種のエネルギーを感じとって電気エネルギーに変換するエネルギー変換機である。ところが絶対時間はエネルギーとは無縁のもの。だから五感の感覚器官とはまったく違ったタイプの感覚器官を探さねばならなくなるわけだ。

時間は心が感じる

ミヒャエル・エンデに『モモ』という、時間がテーマの名作がある。その中に時間の管理人であるホラ老人が登場し、こんな台詞（せりふ）を語る。《光を見るためには目があり、音を聞くためには耳があるのとおなじに、人間には時間を感じとるために心というものがある》。ここで「心」と訳されているドイツ語ヘルツは心臓とも訳せる単語である。

「心が時間を感じる」という考えのルーツは、ここでもアリストテレス。彼が時間を感じるのは心（ギリシャ語でプシューケー）だとした。プシューケーには心・魂・霊魂・精神などの訳語が当てられている。

アリストテレスはおもに「自然学」の中で時間について論じている。時間には、より前とより後の区別がある。また時間が経ったことが分かるのは、何事かの変化が生じたからである。そこでアリストテレスは、時間とは前後に関しての変化の数だとする。たくさん変化が起これば、時間がたくさん経ったと感じるだろう。アリストテレスは時間論において、「変化」（ギリシャ語でメタボレー）という言葉と「運動」（ギリシャ語でキーネーシス）という言葉とを、ほぼ互換可能なものとして使っており、《時間とは前後に関しての運動の数》という言い方をする。アリストテレスの「運動」は非常に広い意味をもち、位置の変化のみならず、性質や量が変化したり、場合によっては生じたり消滅したりする変化も運動に含まれる。運動の結果、運動の前後で比べると具体的な変化が表れ、その変化が感覚で捉えられるとアリストテレスは考える。本書ではアリストテレスの時間論を重視するが、それは《時間の概念にかんする後代の究明のすべては、アリストテレスの定義に原則的にはしたがっている》（ハイデガー『存在と時間』）からである。

変化は眼で見て分かるものもある、音を聴いて分かるものもある、匂いや味の変化もあるし、もし虫がてのひらを這っているのなら感じるのは触覚。五感のどれを通してでも変化を感じとることができる。だから変化は五感に共通する感覚と言える。アリストテレスはこのようなものを共通感覚と呼び、運動・静止・数・形・大きさがこれに当たるとした（七五頁）。《時間は運動の数》であり、運動も数も共通感覚なのだから、時間は共通感覚で感じていることになる。

では、共通感覚はどこで感じるのだろうか。アリストテレスはそれを心（魂、霊魂）だとした。だから《霊魂が存在しない限り、時間の存在は不可能であろう、そしてただ時間の基体たるもののみが存在可能であろう》（『自然学』）、つまり心がなければ時間は無いと言うのである。ただしこれは私たちが感じているような形での時間が無いという意味であって（これが彼の言葉の前半部分）、そう感じる素材となった何らかの運動が無いわけではないだろう（後半部分）。

アリストテレスは《すべての動物において魂の感覚的部分と生命の原理が、心臓部にある》（『動物部分論』）・《感覚の支配的な部分は心臓の内にある。なぜなら必然的にこの内にすべての感官に共通の感官がなければならないからである》（『青年と老年について、生と死について』）と考えた。だから結局、心臓が時間を感じる器官だと考えていたことになる。その考えがホラ老人の台詞につながるわけだ。

さて、心のありかが心臓で、心臓はリズムを刻んでいるのだから、このリズムに基づいて一、二、三……と、心が変化の数を数えているのではないかと想像したくなってくる（アリストテレスはそうは言っていないのだが）。これがごく自然な発想なのは、ガリレオ・ガリレイが振り子の等時性を発見した際、ピサ大聖堂の巨大な青銅製のランプの揺れる周期を、脈拍を用いて計ったことにも表れているだろう。振り子時計の時間の基礎となった原理が脈拍を使って発見されたのだから、心拍の時間が先で時計の時間が後ということになる。

心拍を時間のカウンターとすると

われわれの心臓は一秒に一回ほどでのペースで打っている。だがどの動物でもそうだというわけではない。図3に三種の動物の心電図（心臓が発生する電気信号の記録）を示してある。心臓の収縮はペースメーカーと呼ばれる部位からの電気信号（活動電位）の指令を受けて起きる。一回の収縮ごとに電気信号の指令が発せられ、指令を受けた個々の心臓の筋肉も収縮の際に活動電位を発生する。それらの活動電位をまとめて捉えたものが心電図で、拍動に対応した繰り返しのパターンが記録されている。見てわかるように、一拍の長さが三種の動物では大きく違う。もし心拍が時間のカウンターだとすれば、時間はそれぞれの動物で違うことになるだろう。

心拍の周期（心周期）は体の大きい動物ほど長い（表2）。体重の重いものほど、より時間がかかる。

これをグラフにしたのが図4である。図の横軸が体重、縦軸が心周期。グラフの目盛りに注意して欲しい。縦軸も横軸も対数目盛り（一目盛り増えるごとに値が一〇倍になる目盛り）になっている。両軸ともに対数のグラフだから両対数グラフと呼ぶ。こんなグラフを使うのは、扱っている体重の範囲がものすごく広いから。ゾウはハツカネズミの一〇万倍も重い。普通の目盛り方で本の幅に納まるグラフを描いたら、体重の小さなものの点は重なって区別がつかなくなってしまう（別の理由はコラムを参照）。

図中の点は、右上がりの直線上にほぼ並んでいる。体の大きいものほど一拍の時間が長い。ただし直線といっても両対数グラフでの直線だから、心周期は体重に正比例しているのではなく、心周期の増え方は体重の増え方よりもずっと少ない。

両対数グラフで直線になるとは、心周期は体重の累乗（べキ乗）の式で表せることを示している（Xのb乗、つまりX^bという関係が累乗。bを指数と呼ぶ）。直線の傾きから指数が求められ、この場合は0・25（すなわち¼）。心周期が体重の¼乗にほぼ比例するのである（体重をWと書くと$W^{\frac{1}{4}}$に比例）。¼乗に比例するとは、心周期が一桁増える（一〇倍になる）ためには体重が四桁増える（一万倍になる）必要があるという関係である。体重が増えるほどには心周期は長くなっておらず、たとえば体重が一〇倍になっても心周期は一・八倍にしかならない。

直線の近似式を示しておこう。

$T=0.25W^{\frac{1}{4}}$ （心周期がT（秒）、W（kg）は体重）

この形の式はアロメトリー式と呼ばれる（二一〇頁コラム参照）。

動物の時間は体重の¼乗に比例する

図4には心臓の直線の上にもう一本、呼吸周期（一回の呼吸に要する時間）のグラフも載せてある。これも心周期の直線とほぼ平行。呼吸周期も体重の¼乗にだいたい比例しているの

図３　心電図

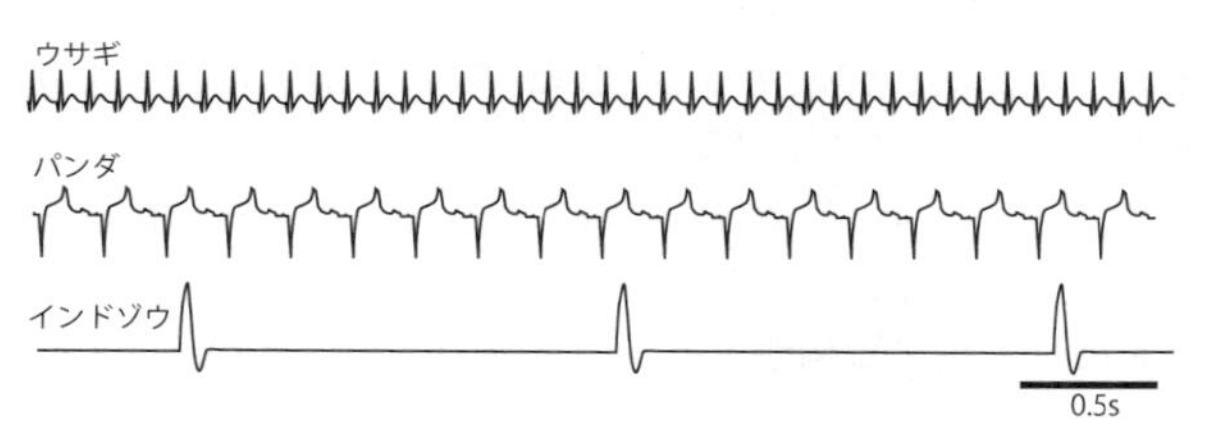

表２　心周期

	体重（kg）	心周期（秒）
ハツカネズミ	0.03	0.1
ネコ	3	0.3
ヒト	60	1
ウマ	700	2
インドゾウ	3800	3

図４　心周期と体重の関係

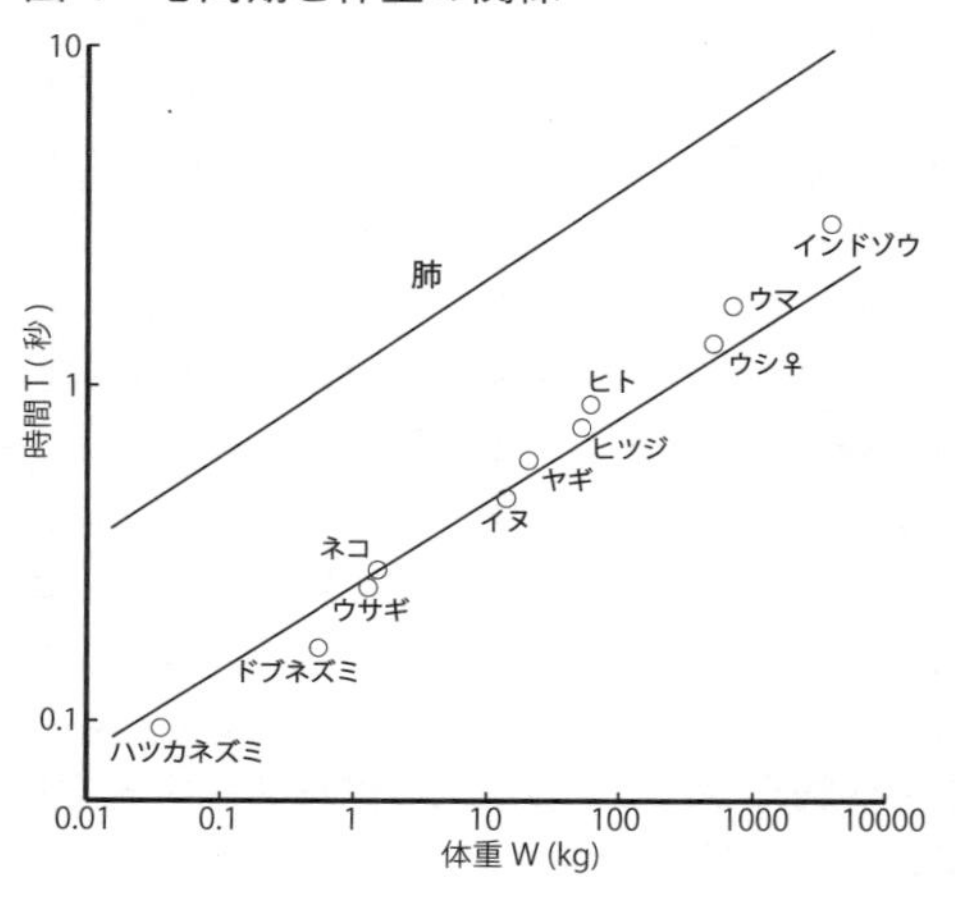

に比例することになる。これはLが$W^{\frac{1}{3}}$に比例すると書き直すことができる。そしてこれを「SはL^2に比例する」という関係式に代入すると、Sは$W^{\frac{2}{3}}$に比例する。つまり長さは$W^{\frac{1}{3}}$に比例し、表面積は$W^{\frac{2}{3}}$に比例する。

④ $A^{-b}=\frac{1}{A^b}$　マイナスの累乗はプラスの累乗の分数になる。この例は体重当たりの基礎代謝率のところで出てくる。体重の$-\frac{1}{4}$乗に比例するとは、体重の$\frac{1}{4}$乗に反比例することである。

ここで図4で対数を使う意味を考えておきたい。対数においては1桁増える（10倍になる）と1だけ増え、2桁増える（100倍になる）と2増えるわけで、対数は桁の違いに注目していることになる。たとえば$\log_{10}700=2.84$、$\log_{10}800=2.90$だから、普通の目盛りなら100も違うのに対数にすると0.06の違いにしかならない。だから乱暴に言えば、対数とは同じ桁の数値はほぼ似たものとして扱う、かなりゆるいアバウトな見方と言えるだろう。

本書では「ゆるい」がキーワードの一つであるが、両対数グラフというゆるい見方をすると体重と時間の関係が見えてくるのである。個々のデータがある程度ばらついていても直線関係が得られるのが両対数グラフを使う利点。ただしそういうものだということを忘れないようにして欲しい。以下では心臓が15億回打つとみな寿命を迎えるという話が出てくるが、この数値は厳密なものというよりは、だいたいその程度の値だと受け取って欲しいのである。とくに寿命に関しては測定するのも難しく、データはかなりばらつき、寿命のアロメトリー式は研究者によりいろいろと異なったものが提出されている。別のアロメトリー式を使うと、心臓が20億回打つと寿命となる。

〈コラム〉アロメトリー式と累乗

心周期と体重の関係式は $T=aW^b$ という累乗の形をとっている。a は比例定数、b が指数。b が 1 なら、$T=aW$ という普通の比例式になるが、1 でない場合にはアロメトリー式と呼ばれる（アロは「異なる」、メトロンは「尺度・物差し」。ともにギリシャ語）。アロメトリーとは T と W とが異なる尺度で増えていくことを示す造語である。心周期のように b が 0 と 1 の間の数なら、W（体重）の増え方より T（心周期）の増え方が少ない（b が 1 以上ならその逆）。もし b がマイナスの数値なら、W が増えると T は減る。参考までに累乗の計算規則を以下に挙げておく。

① $A^b \times A^c = A^{b+c}$　累乗のかけ算は指数の足し算になる。これは次章の比代謝率に体重をかけて基礎代謝率を出すところで出てくる。比代謝率は体重の $-\frac{1}{4}$ 乗に比例する。これに体重〔体重の 1 乗〕を掛けたものが個体のエネルギー消費量つまり基礎代謝率。だから $W^{-\frac{1}{4}} \times W^1 = W^{-\frac{1}{4}+1} = W^{\frac{3}{4}}$。基礎代謝は体重の $\frac{3}{4}$ 乗に比例することになる。

② $A^b \div A^c = A^{b-c}$　累乗の割り算は指数の引き算になる。心臓時計の項にこの例がある。呼吸周期のアロメトリー式は $T_L = 1.12W^{0.26}$。心周期のアロメトリー式は $T_C = 0.25W^{0.25}$。前者を後者で割ると、$T_L/T_C = \left(\frac{1.12}{0.25}\right) W^{0.26-0.25} = 4.5W^{0.01}$。$W^{0.01}$ はほぼ $W^0=1$ だから、結局 T_L/T_C は体重によらない一定値になる。つまり一呼吸する間にどの動物でも心臓は 4.5 回打つ。

③ $A=B^c$ は $A^{\frac{1}{c}}=B$ と書き換えられる。この例として、動物スケーリングのコラムでふれている体長 L、表面積 S、体積 V、体重 W の関係を示しておこう。V は L^3 に比例する。動物の体は大半が水でできているから比重が 1 に近く、体積と体重とはほぼ同じになる（$V \fallingdotseq W$）。そこで W は L^3

である。

じつは体の時間のかなりのものが体重の¼乗にほぼ比例することが分かっている。いくつか例を挙げておこう。指の筋肉が一回ピクンと縮む時間、寒さで体がブルブル震える時の一回のブルッの時間、腸がジワッジワッと動く蠕動一回の時間、血液が心臓から送り出されて体内を一巡してまた心臓に戻ってくるまでの時間、飲んだ水が尿として出されるまでの時間、食べたものが排泄されるまでの時間、哺乳類の懐胎期間（ヒトは十月十日と言い習わされているが、ハツカネズミでは二十日だしゾウは六〇〇日もお腹の中に入っている）、成獣になるまでの時間。また寿命もそうで、タンパク質の寿命、細胞の寿命、そして個体の寿命、これらのアロメトリー式は皆、bの値が〇・二五に近い値をとる。今までに恒温動物（体温が一定の動物で哺乳類と鳥類がこれにあたる）においてさまざまな時間のアロメトリー式が得られているが、bは似た値を示し、それらを平均すると〇・二五（¼）となる。

ネズミのような小さなものは何をするのも早い。心臓はせかせか打ち、ぜいぜいとすばやく呼吸し、早く大きくなってすぐに死ぬ。それに対してゾウはすべてにおいて時間がかかる。このことからすると、動物の時間は動物のサイズにより異なり、体重の¼乗に比例すると一般化できそうである。

心臓時計

以上は時間が動物それぞれで違っていると思わせる結果なのだが、各動物の心周期をもとにしてそれぞれの動物の時間を表すと、また事態が違って見えてくる。「心臓時計」を使って各動物の時間を表してみるのである。たとえば、脈をとりながら一呼吸の間に何回心臓が打つかを計ってみる。すると一呼吸の間に心臓が四回程度打つのが分かる。私たちの場合はこうなのだが、これはゾウでもネズミでも成り立つ（二〇五頁のコラム②項）。同様に、腸が一回ジワッと蠕動する間に心臓は一一回打つ。これも動物により変わらない。心臓から出た血液が体をめぐって心臓に戻ってくる間に心臓は八〇回打つ。親の心臓が二三〇〇万回打つと子供が生まれ出て、心臓が一五億回打つと、みんな死ぬ！　心臓時計という基準を使えば、恒温動物なら時間はみな同じになるわけだ。以上のことは「動物スケーリング」という学問分野で得られた成果である。

〈コラム〉動物スケーリング

動物スケーリングとは、体の大きさが変わったら、体の機能や、各部分の大きさ・機能がど

う変わるかを研究する学問である。スケールとは物差しや縮尺のこと。哺乳類はほぼ同じ形（相似形）をしているが、「形はそっくりで大きさだけが違っていたら、どんなことが起きるのだろうか？」というのがスケーリングの基本的な疑問である。

同じ設計図に基づいて作るけれど、その際に使う物差しを、実寸の$1/100$に細かく刻んだ目盛りのものを用いるとしよう。するとできてくるのは、形がそっくりだが$1/100$の大きさになる。こんなふうに作るのが本物そっくりのプラモデルや鉄道模型で、スケールモデル（縮尺模型）と呼ばれる。$1/100$のスケールモデルとは長さが$1/100$であり、表面積は（長さの2乗だから）本物の一万分の一、体積は（長さの3乗だから）一〇〇万分の一になる。

動物のスケーリングでは、体重を基準にとることが多い。体重は組織の量を表すものであり、また計るのが簡単だからでもある。体重Wを使うと、長さは$W^{\frac{1}{3}}$に比例し、表面積は$W^{\frac{2}{3}}$に比例する（二〇五頁のコラム③項参照）。

動物スケーリングではこんな風に考える。四足動物の足は、体の大きさによらず四本である。ということは、脚には、体の大きなものほど大きな負荷が加わることになる。骨が支えられる荷重は骨の断面積に比例すると考えていい。だから骨の断面積が体重に比例するように太くなってくれないと困る。足の長さの方は体長と同様に$W^{\frac{1}{3}}$に比例すると相似形が保たれるのだが、太さの方はそれでは足りない。足の直径は体重の平方根つまり$W^{\frac{1}{2}}$に比例する必要があると考察できる（脚の断面積は直径の2乗に比例するから）。長さよりも太さの方が、より増えてくれないと困るわけで、確かにゾウは、他の哺乳類にくらべ、長さの割には太いずんぐりむっくりした足をもっている。

こういうことを初めて考察したのはガリレオだった。さすが数学ですべてを理解しようという態度の元祖だけのことはある（ただし『新科学対話』中の大きな動物の骨の絵は、今の考察結果よりも、もっとずんぐりむっくりの極端な形に描かれているが）。

第八章

時間とエネルギー

本章では引き続き動物の時間について考えていくのだが、じつは動物の時間にはエネルギー消費量が関係すると私は考えている。そこでエネルギー消費量と動物のサイズとの関係についてまず見ることにする。

サイズとエネルギー消費量

動物スケーリングの研究が本格的に始まったのは一九世紀ヨーロッパ。かの地は牧畜が盛んで、冬にはヤギやウシを小屋に入れて餌を与えねばならない。どれだけ餌を用意すればいいかを知りたいという動機が研究の背景にあった。もちろん体の大きなものほど餌をたくさん食べる。それは確かなのだが、体重と食べる量が、きちんと正比例するかを定量的に調べようとしたのである。

第一章で述べたように、生きものはエネルギーがなければ生きていけない。動物の定義に「口をもつもの」というのがあるが、口から食べものを取り入れ、それを口から取り入れた酸素で「燃やして」エネルギーを得ているのが動物である。エネルギー消費量は食べる量にほぼ正比例し、それはまた酸素消費量にも正比例していることが分かっている。そのため酸素消費量を測定してエネルギー消費量を求め、そこから食べる量を見積もることが行われてきた。そうした方が簡単だからである。理由は次の通り。

酸素を同じ量だけ使って食物を「燃やした」ら、栄養素の種類によらず、ほぼ同量のエネルギーを得られることが分かっている。だから酸素消費量を測るやり方なら食物の種類を考慮する必要がない。ところが食べる量を直接扱うと、その食物に含まれている栄養素の種類を知らねばならないし、またどれだけ栄養になる部分が含まれているか、はたしてすべてが消化吸収されるのかをいちいち考慮しなければならず、ものすごく手間がかかるのである。

動物のエネルギー消費量といっても、活動時と安静時ではもちろん違う。それは運動すれば息が上がるしお腹がすくことからも実感できることだ。そこでまず、安静時の一秒あたりのエネルギー消費量（これを基礎代謝率E_bと呼ぶ）を測り、これを基準とする。測るには動物を絶食させ、暑くもなく寒くもなく、安静にしてボーッとしているが眠ってはいない状況にする。消化・体温調節・運動・思考にはエネルギーが必要だし、眠ると逆にエネルギー消費量は下がるので、それらが起きていない状況において測定するのである。ヒトの場合は朝目覚めた直後のボーッとしている時に測るのがよい。

基礎代謝率E_bは大変便利な指標である。起きて活動して寝てという一日のエネルギー消費量を平均すると、E_bのほぼ倍のエネルギーを使うし、目一杯活動している時にはE_bの約一〇倍のエネルギーを使うことが分かっており、エネルギー消費量の全体像を知るには、基礎代謝率はうってつけの指標なのである。

体の大きな動物ほど当然たくさん食べ、それだけたくさんのエネルギーを使う。体の中でエネルギーを使っているのは細胞で、これは体を構成する基本の単位・体をつくる基本粒子とみなすことができるような存在である。どの動物においても、細胞の大きさはほぼ一定。だから体重一kgの組織中には、ほぼ同数の細胞がどの動物でも入っていることになる。大きさが同じになるのは細胞が基本粒子だからだろうと理由を想像し、さらに、基本粒子のエネルギー消費量も同じになるのではないかと想像をたくましくするなら、体重あたりのエネルギー消費量（比代謝率）は体の大きさによらず一定になると予想できる。

実際に測定してみると予想は大はずれ。図5に比代謝率と体重の関係を示してある（これも図4同様に両対数グラフ）。予想通りならグラフは横一直線になるはずだが、右下がりの直線である。これは体の大きなものほど、細胞がエネルギーを使わなくなることを示している。個体のレベルで言えば、大きな動物は体の割にはあまりエネルギーを使わず食べる量も少ない、逆に小さい動物はよく食べる。これは「痩せの大食い」や「子供は小さい割によく食べる」という日頃の印象を裏付ける結果だろう。

図5の直線の傾きはマイナス〇・二五（¼）であり、マイナスだから比例ではなく反比例。比代謝率は体重の¼乗に反比例する（二二〇頁のコラム④項参照）。体重が一〇倍になると比代謝率は約半分（一・八分の一）になり、さらに体重が一〇倍になると比代謝率がまた半減するという関係である。

図５　比代謝率（1kg あたりの基礎代謝率）と体重の関係

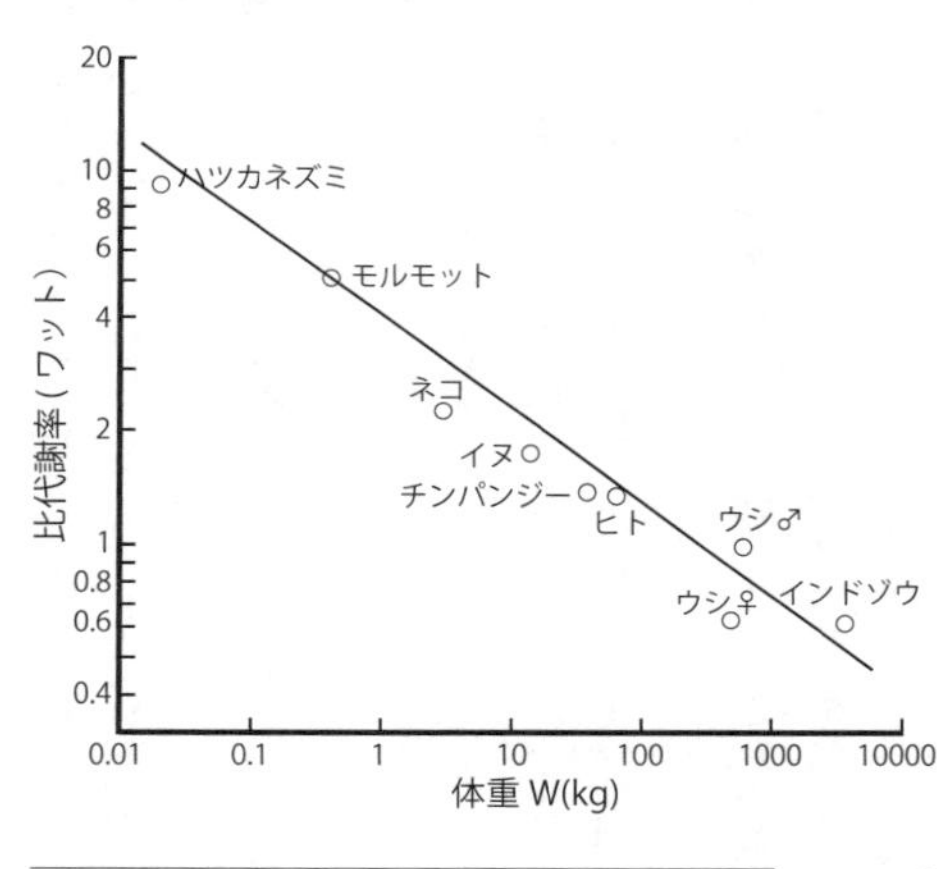

〈コラム〉個人の働きは所属システムの大きさで変わる

エネルギーを使うとは、エネルギーを使って働いているということであり、右の結果は、大きな動物の細胞ほど働いていない、つまりさぼっていることを示している。

　細胞とは体を構成している基本粒子と呼べるようなものであり、その仕事量は基本中の基本の性質だと思われるのだが、それが所属する組織（システム）の大きさで変わってしまうのである。単独で存在すると

きには一の働きをする細胞が、一〇個のシステムになると〇・五六（一・八分の一）の働きしかしない。一を一〇個足しても五・六にしかならないわけで、ここでは通常の算数が成り立っていない。

現在の科学の主流は粒子主義＋要素還元主義。すべてのものを究極の要素である粒子にまで分解し、その粒子単独の性質を理解すれば、あとはそれの足し算ですべてが理解できると考えるのがこのやり方。現代の生物学の主流である分子生物においてもそうで、究極の粒子である分子（たとえばＤＮＡ分子やタンパク質分子）に基づいてすべてを考えている。さて、その考えに従えば、一を一〇回足せば当然一〇になるのだが、動物スケーリングでは違ってくる。このことを知ったのは大学院生の時。これは面白い！　といたく感じ入り、以降、この分野に興味をもち続けることとなった。

比代謝率は体重の-¼乗に比例する。これを個体あたり（つまり基礎代謝率）で言い換えると体重の¾乗に比例することになる（二一一頁のコラム①項参照）。これは¾乗則と呼ばれ、なぜそうなるのかについて一〇〇年以上にわたって議論されてきた。残念ながらまだ皆が納得する答えは出ていない。「血液を、心臓から末端の組織まで最も経済的に運ぶには、血管がどのように枝分かれしていたらよいのかを、フラクタル幾何学に基づいて考えると¾という数字が出る」という説が物理学者から提出されているが、私を含め、納得していない生物学者は多い。その説が前提としているような血管系をもたない動物でも¾乗則が成り立つからである。

そもそもこの¾乗則はたんなる見かけ上のものだという説もある。ネズミの基礎代謝率、ネコの基礎代謝率……ゾウの基礎代謝率、というふうに測定値をグラフ上に点を打っていき、その点をつないだら直線になったから、体重と基礎代謝率の間には累乗の関係があると考えたのだが、たまたまそんなふうに点が並んでしまって出てきた偶然の結果かもしれないという批判である。基礎代謝率と体重の間に、実際に因果関係があると主張したいなら、実験的に体重を変化させると、それに連動して基礎代謝率の方も¾乗則から予想されるとおりの値に変化することを示さねばならない。そのような実験的な証拠のないのが¾乗則の弱みだった。

どうやったらそんな実験ができるだろうか。たくさん食べさせ、どんどん太らせながらデータをとることも考えられるが、脂肪組織という不活発な組織だけが増え続ける個体から一般則を導くのでは、今ひとつ説得力がない。一匹のゾウを切り刻んでさまざまなサイズのミニゾウをつくり、それらの基礎代謝率を測って比べられればいいのだが、それは不可能。

そこで発想を大転換して、こんな実験系を開発してみた。細胞とは個体というシステムを形成する単位となっている要素である。生物において、要素のエネルギー消費量とシステムの大きさの間に¾乗則が普遍的に成り立つことを知りたいのなら、なにも「単位となる要素＝細胞、システム＝個体」という枠組みにこだわることはないだろう。大きさを実験的に変えられる別の生物システムを使って、そこでも¾乗則が得られるかを確かめてみればいい。

そこで群体に目をつけた。サンゴ・ホヤ・コケムシなどは群体をつくる。親個体が、自分の体を二つに割ったり体の一部から芽を出したりして無性生殖により子をつくり、子がまたさらに子をつくりとどんどん増えて行く。こうしてできた多数の個体は体の一部がつながったまま群体を構成し、全体として統一のとれた行動を示すシステムをつくる。群体中の個体を個虫と呼ぶ。群体は分割が可能で、たとえば一〇〇個の個虫からなる群体を分割して個虫一〇個の群体と九〇個の群体とに切り分けると、どちらも元気に生き続け、個虫を増やしながら群体は成長していく。そして再度その二つを癒合させて大きな群体をつくることもできる。

個虫は親から無性生殖によりできたもので皆おなじ遺伝子をもつクローン。普通の動物（単独性動物）では、個体中の細胞はみな同じ遺伝子をもつクローンであるが、もし同じ遺伝子をもつ細胞でできたシステムを個体だと定義すれば、群体は単体性動物の個体と同等になる。だとすれば群体を分割するとは「一匹のゾウを切り刻んでさまざまなサイズのミニゾウをつくる」ことに対応すると見なせるだろう。

そこで群体ボヤを使って実験してみることにした。ホヤといえば冬の味覚。暗赤色でこぶしより一回り大きめのものが鮮魚店で売られている。これは三陸特産のマボヤ。この種に限らず、ホヤは岩に固着しており、海水を吸い込んでその中に含まれているプランクトンなどの微小な有機物粒子を濾（こ）し摂（と）って食べている。まんなかがふくらんだ円柱形の動物で、ランプの火屋（ほや）に似ているのでこの名がある。ホヤに手足はなく、発達した脳も感覚器官ももっていない。そんなものが岩に固着して動かないのだから、これは動物かと疑いたくなるのだが、じつはホヤ

（尾索動物亜門）はわれわれ脊椎動物亜門といっしょに脊索動物門を形成するもので、われわれの親戚なのである。

マボヤは体が大きく一個体で生活している単独性だが、ホヤの中には小さな個虫が集まって群体をつくるものがいる。実験に使ったシモダイタボヤ（下田板海鞘）では、米粒大の個虫がずらりと一層に並び、平板状に岩の上に広がった群体となる。個虫はすべて同じ形と大きさをもったクローン。だからこのホヤでは「単位となる要素＝個体、システム＝群体」であるが、それを単独性動物の「単位となる要素＝細胞、システム＝個体」に見立てることができるだろう。このシステムでも¾乗が成り立つだろうか？　もし成り立つなら、実験的にシステムサイズを操作して、この規則がみかけではないことを検証できる。

さまざまな大きさのシモダイタボヤ群体でエネルギー消費量をはかってみると¾乗則が成り立つことが分かった。それではということで、大きな群体を分割して小群体をつくると、分割後には個虫のエネルギー消費量が上がり、小群体のエネルギー消費量がやはり¾乗則から期待できる値になった。逆に群体同士を癒合させて大群体をつくったところ、個虫のエネルギー消費量が下がり、群体としてちょうど¾乗則から期待できる値になったのである。これは実験的に¾乗則の成り立つことを証明した世界初の例である。¾乗則は単に細胞と個体間だけで成り立つ規則ではなく、より普遍的に、生物において要素とシステムの間の規則であることを示すことができた。個体の定義を「同じクローンの要素からできたシステム」とゆるい定義にすることにより、¾乗則を実験的裏付けのある普遍的な規則にすることができたのである。

大きな群体を分割すると、その構成員一匹一匹のエネルギー消費量が増えるのだが、これは分割後には個体がよりよく働くようになるということを意味している。ビジネスでは「分社化により活性化する」という言葉をよく聞くが、ホヤでも同じ事が起きた。

ホヤの個虫はシステムの大きさが変わったことをどうやって知るのだろうか。ホヤに眼はない。周りに「手」を伸ばして大きさを探れるほどの「手」ももっていない。「大きかったら一人ぐらいさぼってもいいだろう」などと悪知恵をしぼるほどの脳もない。それでいて群体内の各個虫は、自分が所属している組織のサイズを何らかの方法で知り、そのサイズにみあうようにふるまっている。

個虫同士は血管でつながっているが、血管のつながりの失われた状態だとこのサイズ依存性も失われるため、血管を介してなんらかの情報が伝わっているのだろう。何がどう伝わっているのかを調べる前に定年になってしまったのだが、「隣の個虫との間の局所的な相互作用を通して全体の活動度が調節されるように進化の過程でなった」と私は想像している。

生物は「生き残って子孫を増やすという目的をもち、その目的実現のためにエネルギーを使って働いているシステムであり、そのシステムは細胞という要素から構成されている複雑系」である。そして企業も売り上げを増やすだけではなく、ゴーイングコンサーン（生き残って続くこと）を大前提にしているから、「生き残って売り上げを増やすという目的をもち、その目的実現のためにエネルギーを使って働いているシステムであり、そのシステムは個人という要素から構成されている複雑系」であると言える。「子孫」を「売り上げ」に、「細胞」を「個人」に置き換えれば、生物も企業もまったく同じ定義になってしまう。だから両者で、サイズと構成員の活動度に似た関係が見られても不思議はないと思う。子が増えるのも売り上げが増えるのも、ともに存続する上で大いに役に立つわけだから、結局、どちらにおいてもキーワードは「要素からなる複雑系」、「エネルギー（仕事量）」、「存続するという目的」となる。

現代社会も個人という要素からできたシステムであり、また、エネルギーの大量消費で成り立っている。ただしこのシステムには「存続するという目的」が欠けているようで、だからこそ、社会のシステムがグローバルサイズになっても個人のエネルギー消費量が下がらずに、かえって増えるという事態が起きているのではないのか。

システムのサイズを無視してがんがんエネルギーを使って働くのがガン細胞であり、「現代人はガン細胞化しているなあ、これじゃあシステムは保たないぞ」という問題意識は、最終章で取り上げることにする。

エネルギーと時間

エネルギー消費量は体重の¼に反比例する。そして時間は体重の¼に正比例していた。どちらも1/4乗。だからこの二つの式を組み合わせれば、時間とエネルギー消費量は、ちょうど反比例していることになる。となると時間とエネルギー消費量の間には密接な因果関係があると結論づけたくなるのだが、そう短絡したらコラム中での批判（体重とエネルギー消費量のグラフからだけではその二つの因果関係は導けないという批判）と同様の批判を浴びてしまう。たまたまどちらも1/4乗になっただけで、単なる偶然の一致だという可能性もある。

偶然ではないだろうという傍証としては、運動中はエネルギー消費量も上がるし心周期も呼吸周期も短くなること、適度の栄養制限をしてエネルギー消費量を抑えると寿命が延びることなどがあげられるだろう。この1/4という数字は生物現象においてめったに出てくる数字ではない。そんなめずらしい数字がたまたまそろってここに現れているということも考えにくい。そこで時間とエネルギー消費量とは互いにきっちりとカップルしており、「時間とエネルギー消費量は反比例するものだ」と考えてこの先の議論を進めていくことにする。

反比例の関係だから、時間とエネルギー消費量を掛け合わせると体重の項が消え、体重によらない一定値が現れる。たとえば心周期という時間にエネルギー消費量（基礎代謝率の倍、すなわち一日の消費量を平均した値）を掛けると二ジュールになる。心臓が一拍する間に使うエネルギーは、ゾウもネズミもヒトも同じ二ジュール（ジュールとはエネルギーの単位。一秒間に一ジュール使うと一ワットになる)。また、呼吸周期にエネルギー消費量を掛けると九・二ジュール。ひと呼吸する間に、ゾウもネズミもわたしたちも、同じ九・二ジュール分のエネルギーを使う。

では寿命という時間にエネルギー消費量を掛けてみよう。すると三〇億ジュール。ゾウもネズミも一生の間に三〇億ジュールのエネルギーを使う。エネルギーとは物理学的には仕事量と同じである。だから一生になす仕事量はみな同じ。体重あたりにすれば(細胞あたりとも言い換えられる)、ゾウもネズミも一生の間に同量の仕事を行っているのである。ただしそれをネズミは一―二年の間にやり切ってしまい、ゾウは五〇―七〇年かけて行っているわけだ。「ゾウは体も大きくて長生きで偉大だなあ、それに対してネズミはちっぽけですぐに死んであわれ~」というのがごくありふれたイメージだろうが、ネズミからすれば「大きなお世話、やることは同じだけちゃんとやっているんだ。ゾウなんて、少しずつエネルギーを使いながらとろとろと生きているだけで、時間はいわばスカンスカン。それに比べてわれらネズミは、同じ時計の時間に、ものすごく多くのことをやっているのだから、時間は超濃密。一生を駆け抜ける炎のような生き方をしているんだ」ということになるだろう。もちろん公平に眺めれば、「ゾウもネズミも三〇億ジュール分の仕事をしているのだから違いはない。同じだけの満足感をもって一生を終えているのじゃないかしら」となるだろう。

このように時間とエネルギー（仕事量）とがカップルしていると考えると、同じ時計の一時間といっても、その間に仕事をたくさん行っている濃密な時間と、あまりしていない希薄な時間というように、時間に質の違いを考えることができる。

別の見方もできるだろう。1／時間（時間の逆数）は「時間の速度」とみなせるだろう。すると時間とエネルギーの関係を、「時間の速度はエネルギー消費量に正比例する」と言い直すことができる。エネルギーを使えば使うほど時間が速く進むのである。

結局、時間には速度の違いがあるとも、質の違いがあるとも見ることができる。絶対時間（時計の時間）では速度も質もいつも変わらず同じであるが、それとはずいぶん違うのが動物の時間なのである。

生物は時間を操作する

動物の時間はエネルギーを使うと速く進む。逆にエネルギー消費量を少なくするとゆっくりになる。それを外挿すれば、エネルギーを使わなければ時間が止まることになるだろう。それに近いことが起きているのが冬眠だと思われる。冬眠中は体温が極端に下がり、エネルギーをほとんど使っていない。だから時間はほぼ止まっているのではないか。冬眠するリスは冬眠しないリスより長生きする。エネルギーを使わずに働いていなければ体が磨り減らないから、そのぶん長生きになるのだろう。冬眠中に時間を止めた分だけ長く生きると解釈できる結果である。冷凍状態で長生きして未来によみがえるSFがあったが、動物たちは現実にそれを行っているわけだ。だから長生きしたければ冬眠すればいい。ただしそんな長生きにどれほどの意味があるかは考えねばならない。

冬眠する動物は長生きしたくて冬眠するわけではない。生きるのに厳しい冬という季節を、自分の時間を止めて外界の時間を往なし、また春になったら自分の時間を流す。これは時間を操作していると見ることができるだろう。冬眠中は時間の速度を極端に落としているのだが、それはまた時間の質を変えているという見方もできる。環境条件が厳しく食物が手に入りにくい時節には、体の反応性も運動性もエネルギー消費量も下げて不活発にする。すると食べなくても体の蓄えだけでやっていけるし、穴にこもって店じまい・守りのモードになっているのだから、極端な寒さにもダメージを受けにくく、また捕食者にも捕らえられにくくなる。こうして「守りモード」の時間へと時間の質を切り替えてじっと堪え忍び、春になったら再度「活動モード」の時間に切り替え、すみやかにふだんの時間を流す。

時間を止める上で、もっとすごいことをやっているのが植物。タネという状態で休眠し、きわめて長い期間時間を止めておく。環境の変化にも耐えて持続しやすい「休眠モード」という時間モードに入ると言ってもいい。たとえば大賀ハス。大賀一郎が検見川の弥生時代の遺跡からハスの種を掘り出し、花を咲かすことに成功した。このハスはその後、日本のみならず世界の各地に植えられ、大賀ハス（二千年ハス）としてピンクのきれいな花を咲かせている。休眠中のタネはほとんどエネルギーを使わない。このタネは二千年ものあいだ時間を止め、時節を待っていたのである。掘り出されなければまだまだタネのまま長生きしたと思われるが、発芽して働けばハスの個体としての寿命は数年後には尽きてしまう。だが「一粒の麦もし地に落ちて死なずば、ただ一つにてあらん、死なば多くの実を結ぶべし」（「聖書、ヨハネによる福音書」）。一粒のままでいれば長生きはできても、そのままでしかない。タネという不活発モードから発芽して活発モードに移行すれば、そのタネとそれから育った個体の存続期間はたいしたことがなくても、一粒が七〇粒のムギになる。そうすれば〈私〉はより長く続いていく確率が高まる。そういう生き方をするのが生物というものであり、今の個体だけが長生きすればいいというものではない。

冬眠や休眠だけが時間の操作ではなく、動物は成長段階でも異なる時間モードを使い分けているると思われる。たとえば昆虫。幼虫の時期はあまり動き回らず（つまりエネルギーをあまり使わず）、ひたすら食べて成長する。成虫になると羽をはやして飛び回り生殖相手をみつけて交尾し、子が食べて育つべき植物を見つけ出して卵を生む（だから幼虫は餌を探し回る必要がないわけだ）。飛んでいる間は、飛ばないときの一七〇倍ものエネルギーを使うから、成虫の時間は幼虫のものより格段に速いだろう。だから幼虫から成虫への変態を、「幼虫モード」の時間と「成虫モード」の時間という、質の違う時間への切り替えと見ることができる。また昆虫は卵や蛹（さなぎ）で冬を越すものも多く、その時には、時間はきわめて遅くなっているだろう。これは「越冬モード」の時間である。このように昆虫は成長の時期ごとに、また季節ごとに、それにみあった異なる時間を生きているのではないか。

われわれ人間も、活動時、安静時、睡眠時はそれぞれエネルギー消費量が異なっている。だから時間の流れる速度も異なっていると考えられるだろう。時間は二四時間ののっぺりと同じものが流れているわけではなく、「活動モード」の時間や「リラックスモード」の時間、「睡眠モード」の時間と、質の違う時間からなる一日を生きているのではないだろうか。

「時間とはレーベンだ」とエンデは書いている（『モモ』）。レーベンはライフにあたるドイツ語で、生きること・生命・命・生活・人生などと訳すことができるから、時間＝レーベンとは、「時間とは生活だ」と訳して異なる生活時間からできているのが日々の生活だととることもできるし、そもそも「時間とは生きることだ」とも訳せる。また「時間とは命だ」ともとれる広い含意をもつ言葉である。

生物はエネルギーを使って時間をつくっている

エネルギーを注ぎ込まなければ時間が止まるということは、逆に見れば、生物はエネルギーを使って生きた時間をつくり出していると言えるのではないか。

臨終にあたって生体から死体に変化する時に、何が変わるかをもう一度考えてみよう。形も、それをつくっている材料にも変化がなく、変わったのは、生体のもっていた機能が死体では失われることだと四〇頁では考えたのだが、じつはもう一つ変わっている点がある。生体はエネルギーを使うが死体は使わない。エネルギーを使って生きた時間をつくり出すのをやめたら死なのではないだろうか。

四〇頁で述べたように、アリストテレスは生物の機能を心だととらえており、その機能を三種類に大別した。①すべての生物がもっているもの（栄養摂取と生殖の機能）、②動物にはあるが植物にはないもの（感覚・欲求・運動の機能）、③人間だけがもつもの（理性）。①に含まれている二つの機能のうち、栄養摂取とは私という個体を生き続けさせるためのものであり、もう一つの生殖とは〈私〉を続けさせるためのもの。つまりどちらも〈私〉が続くという目的のための機能であり（四五頁）、これが全生物に共通した機能なのである。

機能しているとはある目的のために仕事をしていることであり、仕事とはエネルギーだから、生き続けるという目的のためにエネルギーを使っているのが生物ということになる。それがなくなれば死体。結局、エネルギーを使えば目的をもった時間、すなわち生きた時間が流れる。先ほどの『モモ』を続きまで引用すると、「時間とは命だ。そして命は心の中に住んでいる」。心（心臓）が機能しなくなれば死なのである。そしてアリストテレスの言うように心がなければ生きている時間もない（二〇四頁）。

代謝時間

ここで時間を計る単位について考えておきたい。計るには基準の単位を決め、その何個分として値を出す。たとえば三〇センチ物差しには、一ミリという基準の長さが三〇〇個繰り返して並んでおり、これを物に当てて長さ何ミリだと決める。単位の繰り返しの数で計るのである。

時間もそうである。地球はほぼ一定の周期で自転や公転を繰り返しており、これを一日や一年という単位として用いている。これには生物学的な意味がある。明暗は一日、季節は一年ごと繰り返される。それにともない、餌の多い少ないや、捕食者の多い少ないも変化する。環境が長年同じように繰り返されていれば、餌の多いときに活動モードをとり、環境の厳しいときには守りのモードに入りと、環境に行動を適応させた生物の方が生き残る確率が高くなる。そこで進化の過程でそのようなものが登場し、その子孫が私たちである。自然の中に流れている時間を意味あるものとして捉えられるものが、今、生き残っていると考えていいだろう。

こういう自然の繰り返しを元にして計る時間も、もちろん意味があるのだが、体の活動のペースを単位にした時間も、生物にとって大いに意味があると思われる。たとえば一秒。われわれの心臓は約一秒に一回打っている。一秒が心拍という体のペースに対応した長さだったからこそ使いやすく、時間の単位として選ばれたのではないかと寺田寅彦は推測している（『空想日録』）。

ただし心拍数は動物により大いに違うのだから、一秒がネズミにとって使いやすいかどうかは大いに疑問。各動物の心拍の長さを基準にした「心臓時計」の方が、その動物のペースに合っており、時間の測定単位としてよりふさわしいと思われる。

心臓というポンプが規則正しく打つのは、酸素とグルコースを細胞へと送り続けるためである。これらの原料がないと細胞はATPをつくれず、エネルギー不足で細胞の活動が止まる、つまり死ぬ。だから心臓は休むわけにはいかず、またエネルギー消費の激しい動物（ネズミのように体の小さな動物）ほどせっせと血を送る必要がある。心臓の打つ回数（一秒当たり）が比代謝率（一秒当たり体重当たりのエネルギー消費量）に比例するのはこのためである。つまり心臓の打つ速度（「心臓時計」の速さ）がエネルギーの消費速度に比例する。

エネルギーを消費する速度とは仕事をしている速さであり、生活のペースとみなしていいだろう。そこで「心臓時計」のかわりに、比代謝率を時間の速度の単位とし、それを用いて計った時間を「代謝時間」と呼ぶことにしたい。

代謝時間を用いれば、生活のペースを簡単に比較できるようになる。ヒトを基準に比較すれば、ハツカネズミの比代謝率はヒトの六・七倍あり、ハツカネズミの代謝時間はヒトに比べて六・七倍速いことになる。同様にゾウの代謝時間はヒトより二・七倍ゆっくりと進む。またゾウを基準にとってハツカネズミを見れば、その時間は一八倍速い。これだけ速さの違う時間で生きていれば、生き方や「人生観」「価値観」は動物ごとに異なっているに違いない。

代謝時間はアリストテレス的な時間を意識したものである。代謝は英語でメタボリズム。これはギリシャ語のメタボレー（変化）から作られた言葉で、アリストテレスは時間を変化の数だとした。メタボリズムは新陳代謝や物質交代とも訳される。体内に取り込んだ分子の変化が代謝で、それにはエネルギーの消費をともなう。物質の交代の速度をエネルギー消費率で捉えたものが代謝率である。だからこれは変化の数を反映しており、生物におけるアリストテレス的な時間の指標として代謝時間は適切なものだろう。

子供の時間・高齢者の時間

ヒトの一生の間に代謝時間がどう変化するかを見ておくことにしよう。比代謝率は赤ん坊の時が一番高く、二〇歳まで急速に落ち、それから先も年齢とともにゆるやかに減少していく。だからヒトの代謝時間は子供で速く、大人になるに従って遅くなり、高齢者ではさらに遅い。二〇歳を基準にとれば、小学生の時間は二倍も速度が速い。七〇歳になると速度は〇・八倍、つまり時間が一・二五倍長くかかる。

小学校の授業は一コマが四五分。大学生になるとそれが九〇分になる。これは経験的に決められたものだろうが、じつは大学生の比代謝率は小学生の半分。だから大学生が倍長い時間授業を受けると、ちょうど小学生と同じだけエネルギーを使う（仕事をする）ことになるわけで、辻褄があっている。ただし普通はこうは言わない。小学生は未熟で長い授業には耐えられないから短くしていると説明されるのだが、これは小学生に対して失礼な見方ではないか。

時間が違うという視点をもたないと、時間の違いに由来する事実を優劣・強弱・有能無能という価値に結びつけやすい。とくに高齢者の時間は遅く、時間がかかるから社会的に無能だとする年齢差別（エイジズム）につながりやすいので注意が必要である。

〈コラム〉ナマコの時間・恒温動物の時間

私がなぜ時間に関心をもったのかを書いておこう。私は若い頃十数年間、沖縄の大学でお世話になった。研究の場は瀬底島という小さな島。初めて島を訪れた時にはびっくりしましたね。海岸にナマコがごろごろ転がっている。これほどたくさんいるものを研究しない手はない。そこで手始めにナマコが一日どんな生活をしているかを見てみることにした。ナマコは海底にいるのだが、それを水面に浮きながら観察する。ところがいくら見ていても何もしない、さっぱり動かないのである。それをこちらもじーっと動かずに観察し続ける。これはつらい。
坐禅では師家（指導僧）から公案をもらう。初心者である私がもらったのは「隻手の声を聞け」。両手を合わせるとパチンと音がするが、片手（隻手）の音を聞けという白隠の公案である。足を組んでじっと座り「せきしゅー、せきしゅー」と理性では解けないこの言葉を頭の中でとなえていると妄想が湧かずに「忽然として大悟す」となるとのこと。現実には、じっと体を動かさないでいるのは苦痛だし、頭には妄想しか湧いてこない。ナマコをじっーと見続けていたら、その時のことが思い出されてきた。「動かないナマコの動きを見るなんて、隻手の公案そっくりじゃあないか！」。そしてその時に浮かんだ妄想が「われわれのように少しでもじっとしていられない動物に流れている時間と、ナマコのように動かない動物に流れている時間とは、はたして同じものだろうか？」。ここから動物の時間とは何かを考えるようになったのである。

ナマコには心臓がない。だが代謝時間を使うと心臓時計を使えないものたちでも時間を比較できるようになる。ナマコの比代謝率はヒトの約1／50と、ごく少ない。代謝時間が五〇倍もゆっくり進んでいるのである。単純に計算すれば、ヒトの一時間がナマコのほぼ二日に当たる。これでは見ていてもなかなか動いてくれなかったわけだ。

心臓のない動物や、あっても規則正しく打っていない動物がけっこう存在する。というよりは、休まず規則正しく打っているものの方が少ない。われわれ恒温動物の心臓は規則正しく打つが、これは他の動物より桁違いにエネルギー消費量が多く、心臓が休まず酸素を送らねばならないから。恒温動物は変温動物の一〇倍ものエネルギーを使う（同じ体の大きさのものでの比較）。

じつは、酸素は何もしなくても、濃度の高い体外から、濃度の低い細胞内へと拡散して行く。その量は多くはなく動きもゆっくりなのだが、エネルギー消費量が少なく、かつ体が小さくて酸素が動いていくべき距離の小さいものでは、拡散だけに酸素の運搬をまかせてもけっこうなんとかなる。だから心臓がなくても・規則正しく打たなくても問題が生じにくい。

鳥と哺乳類とが恒温動物であり、どちらも陸に住む動物である。水中では温度が急激に変わることは少ない（水の比熱が大きいから）。ところが陸では夏と冬の寒暖差が大きいし、一日でも気温は大きく変わる。日向（ひなた）と日陰でも温度に違いがある。陸では外気温がすぐに大きく変わるのだが、それでも体温を一定に保っているのが恒温動物である。

恒温である利点は化学反応の速度が常に一定であること。代謝時間の速度が一定だと言ってもいい。これは陸上の動物にとってきわめて重要なことである。気温が上がって体温が上がれば比代謝率が上がり代謝時間が速くなり、気温が下がれば時間が遅くなる。それがしょっちゅう起きるのが陸の生活なのである。もし体の右半分に陽（ひ）が当たり、左半分は陰だとすると、左右で代謝時間が変わり、脚の動く速度が変わってしまえば、うまく歩くことなどできないだろう。恒温動物は時間の速度をいつも一定に保っているからこそ、きちんとした予測も立てられ、予測に基づき行動もできる。気温の変化の激しい陸上でも、時間の速度を一定に保っていられる「恒時間動物」なのが恒温動物なのである。

恒温動物のもう一つの特徴は体温が高いこと。体温が約三七度もあり、これは外気温に比べてほとんどの場合高い。恒温動物は「高温動物」という面ももっているのである。高温である利点はすべてにおいてすばやいこと。化学反応は温度が高いほど速く進むから、速く判断し、速く駆けていって、のそのそしている変温動物を捕まえることができる。代謝時間が速いのが高温動物である。

速く一定の速度で時間を流すために莫大なエネルギーを使っているのがわれわれ恒温動物。またそれほどのエネルギーをまかなえるだけの餌を手に入れられる効率の良い体になっているのも、高温性・恒時間性のおかげなのである。

直線的な時間・回る時間

絶対時間は真っ直ぐに進んで行って後戻りしない直線的な時間である。それに対し、ここまで述べてきた生物の時間は、心臓の拍動時間（心周期）であれ、肺の呼吸の時間（呼吸周期）であれ、繰り返し起こる現象の一回分の時間、つまり周期のことである。繰り返されるのだから回って元に戻っているとみなしてよく、回転する時間だと言えるだろう。寿命という時間は、個体にとっては一回きりで真っ直ぐ進むように思えるが、親が生まれて死に、子が生まれて死に、孫が生まれて死にと回り続ける大きな回転の一周期、すなわち世代交代の周期と捉えられる。

古来、時間が回ると考える民族と、真っ直ぐに進むと捉える民族とが存在してきた。回転派の代表はインド人。その思想である輪廻転生（りんねてんしょう）とは生まれ変わるたびに時間がゼロにリセットされ、そうしながら回り続けていくもので、輪廻の時間には始まりも終わりもない。古代ギリシャ人も回転派だった。

日本人もそうだろう。十干十二支も輪廻転生も回る時間であるし、昔は縁起の悪いことが続けば元号を改めたが、これも時間をゼロにリセットして出直すという思想だろう（以上はインドや中国由来のもの）。正月には神社でお札をもらったり若水を汲（く）んだりする。それにより一年分の命をいただいて、また新たな時間の回転を始めるのである。お年玉をもらってお餅を食べるのもそれに関連した儀式。お年玉とは「お年魂（としだま）」。年は米、米の魂（エッセンス）が餅。農耕民族であるわれわれは、秋の実りがあれば、その米でまた次の一年も生きていける。一年ごとに命の糧（かて）をいただき、命を回転させていた。こうして何回転したかで年齢を数えるのが数え年で、それをおかしな風習だとして満年齢に変えさせたのが進駐軍、つまりキリスト教徒である。

時間が真っ直ぐに進むと考える代表がキリスト教徒。キリスト教においては、神がこの世を創った時から世の終末へと真っ直ぐに神の時間が進んでいく。時間には始まりがあり、だから誕生日という始まりを起点に年齢を数えることになるわけだ。

こういう神の時間を古典物理学に持ち込んだのがニュートンである。彼はプリンキピアにおいて絶対時間の概念を導入したのだが、プリンキピア中にはそれに関する説明がない。注に《時間は……だれにでもよくわかっていることとして、規定しませんでした》と書いてあるだけである。キリスト教徒にとり、時間が神のものなのは自明なこと。神は絶対、だから時間も絶対であり万物共通で真っ直ぐに進むものなのである。

古典物理学の時間と生物の時間の違いは、こんなふうにイメージしたらいいだろう。前者においてはすべてのものが共通の時間のコンベアーに乗せられて流されていく。コンベアベルトは世の初めから終末へとまっすぐに伸び、動いていく速さはいつも同じで変わることはない。動かしているのは神の力。われわれは時間に対して何もすることができず、受動的にただ流されて行くだけ。それに対して生物の時間では、生物ごとに独自の時間のベルトに乗っており、ベルトは（ふつうのベルトコンベアーのように）輪になっていて、それを生物はエネルギーを使って自力で回している。回す速度はコントロール可能で、エネルギーをたくさん使うとベルトはより速く回る。時間に対して自身で積極的に関わっているのが生物の時間のイメージである。

時間の速度がエネルギー消費量に比例するのはなぜか

ここで時間の速度とエネルギー消費量とがなぜ比例するのかを考えておきたい。生物はエネルギーを使って時間を回転させており、その回転速度とエネルギー消費量とが比例すると私は考えている。

「ずっと続いていくようにできているのが生物」であり、そのために生物は伊勢神宮方式を採用し、定期的に体を新品につくりかえているのだと二章で述べた。体を新品につくりかえる、つまり世代を交代するたびに時間がくるっと元に戻ってまっさらな〈私〉にリセットされる。もちろん子をつくる際には、相当のエネルギーが必要で、ネズミのように早く世代交代するものほど、それに応じてエネルギーをたくさん使う。そこで時間の速度（回転の速度）とエネルギー消費量とが比例することになる。

これは世代交代の時間だけではない。例えば、筋肉が収縮する際にも同様なことが起きている。筋肉の細胞は細長い円柱形であり、その中には二種類の繊維が細胞の長軸方向に平行に並んでぎっしりと詰まっている。一つはミオシン繊維、もう一つはアクチン繊維である。前者はミオシンというタンパク質、後者はアクチンというタンパク質でできている。ミオシン繊維からは「手」が出ており、この手がアクチン繊維をつかまえて、カクッと手首を振ってアクチン繊維を平行に動かす。すると、少しだけ筋肉が縮む。手首を振り傾けることにより縮むという仕事をしたのである。

こうして傾いてしまったミオシンの手にＡＴＰが結合してエネルギーを供給する。するとミオシンは手を離して手首がまっすぐの元の状態に戻る。これは働いて壊れた分子を、エネルギーを注ぎ込んで元のまっさらな状態に再生し、また働けるようにしていると解釈できる。再生したミオシンの手は、再度アクチン繊維をつかまえてカクッと手首を振る。こうしてカクッ、カクッと手首を振り続けながら筋肉は収縮していく。ミオシンの手が首を振ってまた元に戻るのをミオシンサイクルと呼ぶ。サイクルが一回転するのに一個のＡＴＰが使われ、回転しながら筋肉は働き続けていく。

手首を頻繁に振ればふるほど、筋肉の収縮速度が速くなる。そして手首を振ればふるほどエネルギーを使う。結局、「時間の速度とエネルギー消費量が正比例する」という、体全体で起きている関係が筋細胞においても成り立っているのである。筋肉のエネルギー消費量は、体全体のエネルギー消費量の三分の二をも占めており、世代交代（生殖活動）と筋収縮という体の中でエネルギーを使う主要な活動の両方において、「時間の速度とエネルギー消費量が正比例する」のだから、体全体としてもそうなって不思議はないだろう。

何であれ働けば壊れるものである。壊れたらそれを、エネルギーを使って元の状態に直してやることを繰り返せば、ずっと働き続けられるというのが生物のやり方である。

体の中の主要な化学反応は、すべて回路（サイクル）を形成している。ミトコンドリアにおいてグルコースからＡＴＰをつくり出す経路の中心に位置しているのがクエン酸回路。クエン酸というグルコースから作られた物質が、次々と化学反応を受けて、再度元のクエン酸にもどる過程でＡＴＰができてくる。葉緑体の中で、光合成によりデンプンを作り出す中心にあるのがカルビン回路。これも、リブロースビスリン酸という物質から始まって、再度この物質に戻る回路を形成している。まっすぐに行けば終わりが来るが、回せば続いていける。回って続くようにするのが生物の設計原理であり、この原理は生体の化学反応においても働いている。一回まわすには一定量のエネルギーが要る。ここでも時間の回転速度はエネルギー消費量に比例している。

時間論の締めくくりとして、哲学者や宗教家が時間をどのようなものとして捉えてきたかを見ておこう。

〈コラム〉アリストテレス・マクタガート・道元・アウグスティヌス

✿アリストテレス

動物の時間とエネルギー消費量との関係を考えてきたのだが、このエネルギーという言葉は、ヤングが二〇世紀初頭にアリストテレスのエネルゲイアを念頭に置いて作ったものである。元になったエネルゲイアとは、エン（前置詞）＋エルゴン＋イア（名詞形にする接尾辞）で、エルゴン（活動・働き）の状態にあることを意味する用語としてアリストテレスが作ったもの。

エネルゲイアはアリストテレス哲学において重要な概念であり、ふつう現実態と訳される。これは可能態（デュナミス）と対になる概念で、可能態にあるもの（そうなることが可能なもの）が発展してその可能性を現実に実現させた状態が現実態。たとえばタネが可能態で、それが発生・生長して成熟した植物になった状態が現実態。可能性が含まれているとは、タネには「植物になる」という目指す目的が内在していると見ることができる。

アリストテレスは行為を、自前の目的を含んでいるかどうかにより、キーネーシス（運動）的なものとエネルゲイア（活動）的なものとに区別した（キーネーシスは「運動」と訳されるが、二〇四頁で述べたようにアリストテレスの運動は移動・転換・変化・生成を含むきわめて広い意味をもつ。エネルゲイアの方は、運動と対の場合「活動」と訳されることがある）。運動的な行為と活動的な行為の違いは次のとおり。

ⓐ運動的な行為　運動という行為は、そのものの内に、自前の目的をもっていない。たとえば、歩くという移動運動は、歩くことそのものが目的ではなく、ある場所へ到達するという別の目的がある。家を建てる行為は、材木を切ったり釘を打ったりするのが目的ではなく出来上がった家が目的。このように目的が行為の外にあるのが運動である。

ⓑ活動的な行為　これは目的を自身の内に含んでいる行為。たとえば「見る」という行為は、見ると同時に「見てしまっている」。見るという行為にはその行きつく先（目的）である「見た」が含まれており、行為そのものが目的で、行為即目的の完成なのである。

アリストテレスによれば、時間は運動の数（変化の数）であった。変化が運動的な行為によ り起きているなら、それは他者（目的）により動かされているのだから、受動的な時間となる。それに対して変化が活動的な行為で起きている場合には、自分自身が自発的に自己の目的に向かっており、時間は能動的なものとなる。本書のここまでの議論からすれば、活動的時間を、エネルギーを使って自らの目的のために変化を起こす時間と言い直してもいいだろう。

運動的な時間と活動的な時間には受動か能動か以外に、まだ違う点がある。一つは、運動的な時間には速い遅いがあるが、活動的な時間に遅速はない。前者には目的が外にあるから、それにどれだけ早く到達するかが問題になるわけだ。もう一つの違い。運動的な時間はただ流れて行くだけだが、活動的時間は単純に流れるものではない。先ほど「見る」の例を出したが、見るとは見ると同時にもう見てしまっている。見ているという現在進行形と、見てしまったという現在完了形が同時に起きているのが見るという行為なのである。《現在進行形と現在完了が同時的な過程を私はエネルゲイア（活動）と言う》（アリストテレス『形而上学』）。

「生きる」も同様である。生きればすなわち生きてしまっており、生きれば生きる目的である「生き続ける」は同時に達成されている。生きるとはまさに活動的な時間の代表的なものと言っていい。藤沢令夫は活動的な時間を《生きられる時間》と呼び、これには運動的時間のような速い遅いという量的な違いはなく、濃密と希薄、充実と空虚という質的なバラエティーがあるものだとした。そしてこう述べる。《われわれは何よりもまず、自分自身の〈生きられる〉時間の充実をこそ、心がけなければならない》（『自然・文明・学問』）。

現在進行形と現在完了形とが同時に起きることなど、ふつうの時間の流れの中ではあり得ない。生きているのは今しかないのだから、のっぺりとした物理的な時間の流れとは異なる「今」という特別な時間において見、かつ生きているとも言えるだろう。

✿マクタガート

「今」という時間に注目する必要があるのだが、ここで現代の時間論に大きな影響を与えたマクタガート（イギリスの哲学者、一九―二〇世紀）の時間論に少々ふれておきたい。ある出来事が時間の中でいつ起きたことか（時間の中の位置）を区別するには二つのやり方がある。一つはアリストテレスが言ったように「より前―より後」という区別であり、このような前後関係の系列をマクタガートはB系列と呼ぶ。

それに対してA系列とは「過去―現在―未来」という区別である。同じ時間といっても、過去と現在（今）と未来とでは、時間の様子（時間様相）がまったく違う。現在は存在するが、未来はまだないし、過去はもはやない。

B系列の例として、君が生まれた時点と一六歳になった時点とを比べてみよう。一六歳の時点が今なら、生まれた時は過去。生まれた時点が今なら、一六歳になるのは未来。七〇歳になった時点ではどちらも過去。つまりどんな時点で眺めても生まれた時はいつも前でこの前後関係は不動だから、これは静的な時間の見方である。

それに対してA系列は動的である。現在のできごとはたえず過去へと移り、未来に予測されていたものは現在へと変化する。現在という過去と未来の中央に位置する点がどんどん移動していくのがA系列。これは運動（アリストテレスの広い意味での運動で、これは変化と言ってもいい）が今において常に起こっている動的な時間の見方である。変化が時間の最も基本的な性質だから、A系列の方が、より基本的だとマクタガートは考える。

A系列では「今」（現在）こそが大切である。《我々が手に入れることのできる唯一の変化は、未来から現在へ、現在から過去へという変化である》（マクタガート『存在の本性』）。《時間のうちで、捉えられるものは「今」以外に何一つない》（アリストテレス『自然学』）。

変化が起こり今として捉えられる今は瞬間ではない。瞬間では変化の起きようがないから、変化の起こる今とは、ある長さをもった持続するものである。その持続の中で未来が現在に、そして現在が過去へと変化する。アリストテレスは瞬間としての厳密な今と、もう少しゆるいある幅をもつ今とを区別し、後者において変化が起こることにより時間が経過したことが分かると考えた。

時計の時間の今の大きな問題点は、今だと思ったとたんに過去になってしまうところ。これでは今という時間を知覚しようがない。今がなく、変化の起こる暇がなければ、過去だって空っぽのものになってしまうだろう（変化＝出来事が起きなかったのだから）。時計の時間（古典物理学の時間）には、時間を充実させる今という特別な時間が存在しない。《抽象的な空虚時間の流れ、この概念は物理学者にとっては有用かもしれないが、動物には実在しない。我々は時間を知覚するのではなくて、過程、変化、継起ないしは私が仮定するそうしたものを知覚するのである》とギブソンは述べる（『生態学的視覚論』。次の引用も）。

ギブソンはアフォーダンスを提唱した二〇世紀アメリカの心理学者。アフォーダンスはアフォード（ものが便宜を与える）から彼が作った言葉であり、《自然が提供するもの、またこれらの可能性ないしは機会のすべて、私はそれらをアフォーダンスと名づけたいと思うが、それは不変的なものである。これらの諸特性は動物の歴史を通して全く変わることなく保たれている》。

空間も時間も無意味なものではなく、「この季節にあの色であの形をしていたら熟したリンゴだから、われわれに食べることをアフォードしてくれる」と、空間と時間に意味や価値を読み込んでいるのが生物。冬に細長いものが横たわっていたら「棒だからけつまずくことをアフォードしており、またいで通ろう」と空間を知覚するが、春ならば「マムシがもう活動する頃なので、嚙まれることをアフォードするから迂回しよう」と変化する。そういう時空の見方を上手に身につけたものが進化の過程で生き残ってきた。生き続けることをアフォードしてくれるように空間とも時間とも付き合っているのが生物というものだろう。そういう進化が可能だったのも、季節の繰り返しや、あの事が起きたら引き続きあれが起きるという因果律が《動物の歴史を通して全く変わることなく保たれている》からだった（ただし厳密には「全く」ではないのだが）。

すぐ次に述べるようにアウグスティヌスは、過去は現在の私のもつ記憶であり、未来は現在の私がもつ期待だと考えたが、記憶も期待も脳の高級な働きだとするなら、人間以外のほとんどの動物には記憶も期待もないだろう。しかし生物には過去の記憶が進化により体の中に書き込まれており、それと同様の事が未来にも起こると期待してふるまっている。過去の進化の過程で身につけた時間の繰り返しへの期待を、未来という時間に当てはめながら今を生きているのが生物なのである。そういうものだとすれば、生物にとって未来の時間はけっして白紙ではなく、秋の色だったり春の薔薇色だったりと、カラフルでにぎやかで意味にあふれたものではないだろうか。それに対して物理の時間は単なるモノクローム。物理の時間はしばしば黒い一本の直線で表されるが、これにはモノクロのイメージが反映されているのだろう。

✿道元

物理の時間は直線で表され、「今」は直線上の点で示される。しかし点は面積のないものであり、点をいくら並べても線にはならない。そこでカントは、点を並べるのではなく、線を引いていって白い部分から黒い部分を生み出していくことを時間の流れのイメージとして捉えた。これは今が、ある長さをもった間になされる行為により生み出されていくというイメージである。

ここのところをはっきりと述べているのが道元（日本曹洞宗の開祖で一三世紀初期に活躍）である。《行持現成するを今といふ》（『正法眼蔵　行持上』）。行いをあるあいだ持続させて目の前に示すことが行持現成で、それが今だと道元は述べる（行持とは修行を持続すること、現成とは現前に成就すること）。また《尽力経歴（じんりよくきようりやく）》（『正法眼蔵　有時』）という言葉もある。力を尽くすと時間が経めぐる（歴とは次から次へと経過する意味）。これらの言葉はエネルギーを使って仕事をすると時間が生まれてきて流れていくという、本章で述べてきた考えに合致する。

禅では「今ここ」を大切にする。時計の時間には特別な今がなくただ流れ去っていくから、道元は《時は飛去（ひこ）するとのみ思ふべからず》（時間は流れ去っていくものとだけ思ってはいけない、『正法眼蔵　有時』）と注意をうながした。

時計の時間は万物共通であるが、生物の場合、各生物がエネルギーを使って自分の時間のべルトを回している。だから個々の生物が生み出す時間には、当然、個性が出る。ネズミにはネズミの時間があるというのが本書の主張だが、道元は《ねずみも時なり、とらも時なり》《松も時なり、竹も時なり》(『正法眼蔵　有時』)、つまりネズミには「ネズミ印」の時間が流れている、「松印」の時間が流れているのが松というものだと語った。

✿アウグスティヌス

時間については、古来多くの人がさまざまな考えを述べているのだが、大別すれば二派に分けられる。一方は時間に対応する何らかの実体が自然界に実在すると考える人たち(アリストテレスは実在派)。もう一方は、時間は実在しないと考える人たちで、その代表がアウグスティヌスである(マクタガートも非実在派)。

アウグスティヌスはこう考える。過去とは現在の私が思い出すものであり、未来とは現在の私が期待するもの。もうないものとまだないものであり、どちらも実在せず、だから未来から過去へと流れて行く時間など実在しない。今の私の精神が過去や未来に伸びていって作りだしているものが時間であり、時間は《精神の延長》なのである(『告白』)。

ただしそうだとすると、人の記憶などかなりあやふやだから、過去のことなど夢まぼろしだったかもしれず、過去のできごとや時間の存在はまったく当てにならないものになってしまう。そこをアウグスティヌスは神の絶対的な永遠の今を信じることで解決した。神には時間はない。人間には未来・現在・過去という時間の流れはあるが、それはすべて絶対的な神の現在の中で起きているのであり、過去の時間も未来の時間も、神の現在により保証されているとアウグスティヌスは考えた。

彼のように時間を精神がつくりだしたものと捉えるなら、脳の発達していないものには時間がないことになってしまう。だが、期待する脳や記憶する脳をもたないものでも、進化の過程で過去の経験が体に染みついており、それに基づいて未来を期待するように体ができているというのが先ほどのギブソン流の考え。だからアウグスティヌス流に考えたとしても、脳をもたないナマコにも時間が流れていることになると私は思っている。

自同律

コラムにおいてアウグスティヌスの名が出たところで、「私の子は私」という本書の主張に関連して自同律についてふれておきたい。この世は熱力学第二法則の支配下にあり、物体においては絶えずエントロピーが増大している。絶えず変化が起きているのだから、つまりは時間が流れていることになる。ということは、時間が流れればAというものはあっと言う間にA′になってしまい、「AはAである」という自同律（同一律）は成り立たない。自同律は時間のないところ（熱力学第二法則の働かないところ）でのみ厳密に成り立つことになる。そこでアウグスティヌスは、自同律は神にのみふさわしいと考えた（中村雄二郎『述語集』）。

つまりわれわれの世界においては、形式論理学の一番大切な法則である自同律が厳密に成り立つかどうかは疑問なのであり、だとすればそれに依存する科学も、きちんとした論理を完遂できるかは疑問になってくるわけだ。われわれ自身にしても、熱力学第二法則により体は刻々劣化していき、たとえ日々タンパク質を新たなものに入れ替えて修理しているとはいえ、昨日の私と今日の私は厳密に言えば異なる。だから「(昨日の)私は(今の)私である」という自同律は成り立たず、アイデンティティー(自己同一性)は保たれていない。だから「昨日私は試験を受けた」という記憶も厳密に言えば成り立たず、過去の時間すらあやふやなものになってくる。それでも「自分は自分である」、「昨日試験を受けたのは私なのだ」と思っているのが私たち。ある程度同じなら、それは同じだと認めるゆるい自同律を自分自身に採用しているわけだ。そうしなければ自身の存在基盤も時間の存在基盤も危うくなってしまうのが現実なのである。そういうゆるくものごとと付き合っているのが私なのだから、さらに自同律をゆるくして、「私の子は私である」というところまで私を拡張してもよいのではないか――それが本書の立場である。

第九章

生物のデザインからみた現代文明

最後に、ここまで見てきた生物の特徴という視点から、わたしたち現代人の生活を眺めてみたい。生物と現代社会とを対比させると、どちらの特徴も、はっきりと浮かび上がってくるからである。

文明は硬い・文明は速い

ちょっと大上段にかまえて文明の歴史をふり返ることから始めよう。第一章にならってまず呼び名から。われわれは文明の歴史を、石器時代、青銅器時代、鉄器時代と分ける。つまり道具を作る材料の名前で文明を呼んでいるのである。

石も青銅も鉄も硬い。硬い石で鏃（やじり）や鎌（かま）を作ってはじめて狩猟も農耕も可能になった。硬い材料でできた道具で自然を切り裂いたのが文明のはじまりなのである。石が金属に置き換わった後も「硬い材料でできた道具を用いて効率よく自然を切り裂く」のが文明の姿であることに変わりはない。

産業革命以後「鉄は国家なり」と言われ、国の経済は鉄製の機械により支えられるようになった。そして《現下の大問題の解決は、演説や多数決によってではなく鉄と血によってなされるのです》（ビスマルク、一九世紀ドイツの首相で鉄血宰相と呼ばれた）という事態も彼の時代からさほど変わっていないのではないか。呼び名が文明の性質を示すとすれば、「文明は硬い」とまとめられる。

産業革命の立役者が蒸気機関であり、これは速い。速いから物を大量に生産可能となり物質文明の幕が開いた。蒸気機関を積んだ船や汽車により、物や人を大量に速く運べるようになった。一九世紀には電信・電話網が張り巡らされ、二〇世紀になるとコンピュータが現れて、情報の伝達・処理速度が格段に上がった。近代以降の工業社会、情報社会、それに続くAIとロボットを駆使する「第五の社会」をまとめて「文明は速い」と言っていいだろう。

文明は硬く速いものである。この点を今まで述べてきたことと対比してみたい。前章までをひとことで言えば、生物の時間と空間がどのように設計（デザイン）されているかを見てきたと言えるだろう。設計者は神でも人でも生物自身でもなく、自然選択に基づいた進化である。生物のデザインとして強調したのは、①体の主材料は水、②形は丸い、③時間は回りその速度がエネルギー消費量に比例する、という三点だった。それらの背景には続くという目的の存在がある。

生物のデザイン①　材料は水

体をつくっている主な材料は水。細胞レベルでも個体レベルでも、生物は〈しなやかな膜で包まれた水〉とみなすことができる。活発な化学反応を起こしているのが生物の特徴であり、化学反応が起きる場として水溶液がふさわしいから、これほど水っぽいのだと述べた。

水っぽい環境は生物には好都合だが、技術者にとってはきわめて厄介。水があると化学反応が起きて作ったものが変質する・錆びる・微生物が生えて腐る、電気製品なら電流がリークして壊れる、結局、製品が長持ちしない。そこで食品なら冷蔵庫に入れ、冷やして化学反応を遅くするのだが、そう長くは保存できない。保存食品は干物やカップ麺のように水気を飛ばして反応を抑えている。工業製品の場合も、なるべくからからに乾燥させて反応が起きないように保つ。

化学反応が起きない製品は不活発である。そこで活発に働く製品をつくりたければ、製品を作っている材料は不活発にしたまま、反応槽の中だけ水っぽくしたり、モーターを付けて動かす。活発な部分を別にとりつけるのである。ところが生物の場合には、製品（体）をつくっている材料（細胞）が活発で、材料そのものが化学物質をつくることもできれば動くこともできる。だからロボットのように関節ごとにモーターを取り付けたもの（ホンダの傑作ロボットであるアシモには五十個以上のモーターが使われている）と比較して、はるかにコンパクトな体になる。

私の研究対象であるナマコは、皮が外界からの刺激に反応して硬さを変える。たとえば、魚につつかれると皮は硬くなってナマコを守る。ところが魚が皮に噛みついて引っぱると、その部分の皮が極端に軟らかくなりどろどろに溶けて皮に穴があき、そこからナマコは腸を放出して魚に差し出す。それを魚が食べている間にナマコは逃げる。これも自己防衛の反応である。適切に硬くなったり軟らかくなったりするのがナマコの皮。これで車のダッシュボードを作れば、普段は適当に軟らかくて触って気持ちがよいのだが、大きな力が加わった時には硬くなって車体を維持し、ものすごい衝撃を受けた時にはどろっと溶けて運転者を包み込んで守るという、エアバッグ不要のダッシュボードを作れるだろう。ナマコでは皮がセンサー・脳・効果器すべての働きをしている（効果器とは筋肉のように外界に働きかけて効果をおよぼす器官）。皮の含水率は八割もあり、皮自身で活発な反応を起こせるからこそさまざまな事態に対処できるよう働けるのである。このように生物は体全体が水を含んだ活発な材料からつくられているのに対し、工業製品は乾いて不活発な材料でできている。両者で材料の設計思想が正反対である。

生体材料は水っぽく、絶えず化学反応が起きているのだが、そのため、死んでエネルギー供給が途絶えれば、たちまちに分解してしまう。これは材料のリサイクルまで考えて体がつられていると見ることができるだろう。体の高分子は死んだら土に還って低分子にまで分解され、それがまた他の生物の体づくりに使われる。こうして物質が生物の間を循環していくので資源不足にならない。物質が生態系の構成員の間で手渡され、資源がくるくると循環して無駄にならないからこそ生態系が続いていくのであり、また、その中で生物たちの生活が続いていける。その回転を駆動しているのが太陽のエネルギーである。生態系も生物同様、エネルギーを使って回りながら続いているものだと見ることができるだろう。

資源は生態系の中でリサイクルされているのだが、工業製品はできるだけ壊れにくくしてあるためリサイクルされにくい。そこで廃棄物の山が築かれることになる。

〈コラム〉**生態系**

ここで生態系について少しだけふれておこう。生物の大きな特徴に、まわりの環境と密接な関係をもつ点が挙げられるからである。

生態系とは、ある地域に住むすべての生物と非生物的環境（大気・土壌・水・温度など）をひ

とまとめにしたもののことであり、それを系（システム）として捉えて、環境を、エネルギーを使って働いている（機能している）システムとして考えるのが生態系である。

生態系内においては物質の循環とエネルギーの流れとが起きており、個々の生物はこの二つにおいて役割をもっていると生態系では見る。主な役割に三つある。①生産者。これは太陽エネルギーを用いて食物を生産する役割をもち、陸上では植物、水中では藻類や光合成細菌がこれに当たる。生産者は太陽から生きる上でのエネルギーを得、そのエネルギーを用いてつくり上げた自身の体が食べられることを通して他の生物を養っている。②消費者。これは動物であり、植物が光合成でつくった食物を食べてエネルギーを得ている。（そうして育った動物を食べる肉食動物も消費者）。③分解者。菌類や細菌がこれに当たる。動植物の遺体や排泄物を分解してエネルギーを得ている。分解されて生じた有機塩類は、生産者に吸収されて再度使われる。こうして物質は三者の間でくるくる回っていく。それに対して太陽エネルギーは生産者によって食物という形の化学エネルギーに変えられ、その一部は消費者→分解者と流れていくとともに、生産者・消費者・分解者のいずれにおいても、使われて最終的には熱エネルギーの形で外界に流れ去る。生態系において、物質は循環しエネルギーは流れ去る。このような「機能」を示すのが生態系である。

「生態系機能」をどう捉えるかにはいろいろな考えがあるが、「機能」とは生態系の示す性質やプロセス（過程）を指す広い意味をもつとするのが一般的な見方である。第二章で述べたように機能という言葉には目的があり、またプロセスという言葉も「ある目的が達成されるための一連の段階」（ランダムハウス英語辞典）だから、どちらも目的と関係している。こういう言葉をわざわざ使っているということは、生態系には目的があることを暗示していると考えていいだろう。とすると、生態系はその構成員である生産者・消費者・分解者がそれぞれの機能をはたし、それらが全体のシステムの目的にかなうように協調していると捉えることができるわけだ。これはまさにオルガニコン（三二頁）ではないか。

生物としてのオルガニコンにはずっと続くという目的があった。では生態系の目的とは何なのだろう？　生態系はそれぞれの構成員がエネルギーを使って働いているのだから、ここも生物個体そっくりである。そこで私は、生態系の目的も、ほぼ同じ状態を保つことにより続くことだと考えたい。ガイア理論を提唱しているラブロックなどは、地球を「生命体全体・地球表面の岩石・海洋・大気の四者が密接に結びついてつくり上げているシステム」と見て、このシステムはその時点における生命にとってふさわしい状況を作り出すように自己調節するものだと考えている（『ガイアの復讐』）。つまり地球自身が生命にふさわしい状態を作るという目的をもつものだとの主張である。

そこまで強く目的論を主張する気は私にはないが、生物がからんでくると、それを取り巻く環境まで含めて、続くという目的をもつかのように、生物の進化に「ひきずられた」結果、なっているのではないか。その生物の生きていける環境（つまり生態系）が続いていかなければ、その生物はずっと続いていくことはできない。生物が進化の過程でずっと続くようになっていった背景には、生態系をずっと続かせないような生物は自滅してしまい、生態系を続かせるような生物が生き残ってきたという事実の積み重ねがあるのではないだろうか。

　生態系が続くことと、その構成員が続くこととは相互依存的なのである。資源を食いつぶして〈私〉ばかりを増やしたとしても、それにより生態系が破壊されてしまえば、〈私〉が続いていくことはできないから、そんな生物は淘汰されてしまうだろう。逆に、その中の生物が続いていけない生態系からは生物がいなくなってしまうのだから、それは生態系として存在し得ない。

　私にとって生態系とは、それがなくなれば私がなくなってしまうものだとすると、生態系は私の一部とみなしてもいいのではないか。本書では私を時間的に拡張して子も孫も〈私〉と呼んだのだが、私を空間的にも拡張し、私の生態系も私の一部と考える方がいいと小生は思っている。それくらいに思わないと、現今の生態系の破壊を、私自身の問題として捉えられないからである。

　世界の人口は爆発的に増え続け、それを養うために農地という生物多様性に乏しい生態系ばかりが増え続けている。生物多様性の最も高い生態系は、陸では熱帯雨林、海ではサンゴ礁であるが、熱帯雨林は農地にどんどん変えられているし、サンゴ礁は島の開発や地球温暖化により、多くの海域で危機的状況に瀕している。

地球全体を一つの生態系として捉えるならば、その生物多様性が、今、急速に減少している。生物多様性が高い生態系は安定して続くと言われている。生態系が続かなければその中の生物も続かなくなってしまうわけで、人間の存続だって保証されるかどうかは分からない。生態系と生態系の構成員とが相互依存的な存在であることを強く意識し、生物多様性が異常な速度で減り続けていっている現状に何とか対処する必要がある。

生態系の中での役割として生産者、消費者、分解者の三つを上げたが、他の役割も考えられる。「生態系エンジニア」は環境を変えることにより、他の多くの生物が住める空間をつくりだす役割をもつ生物のことである。たとえばビーバーは流れをせき止めてダム湖をつくるが、そこにはビーバー以外にも多くの生物が住むことができる。樹木は複雑な形の構造物をつくり、その上に多くの生物が住めるようになる。木の幹にはキツツキが穴を穿（うが）ち、それらの穴はさまざまな動物により住みかとして使われる。ビーバーも樹木もキツツキも生態系エンジニアである。

海で樹木に対応するものは造礁サンゴ。サンゴはサンゴ礁をつくり、その上に多くの生物を住まわせている。サンゴ礁が隆起したものが沖縄の島々で、サンゴはわれわれ人間にも生活の場を提供しているのである。

他の生物が住めなくなるように空間を変えてしまうものも生態系エンジニアに数えられる。負の影響をもつエンジニアである。つる植物には地面や他の植物の上を覆って日光をさえぎることにより、自分以外の植物が住めなくするものがいる。そして今やきわめて強い負の影響力をもつようになった生態系エンジニアが人間なのである。

生物のデザイン② 円柱形

生物は丸くて角がない。それは中に水の詰まった膜構造物だから。膜構造の例としては風船や東京ドームがあげられる。風船は息をふき込んでふくらますし、東京ドームでは送風機でドーム内の圧力を少し高くして屋根をふくらんだ形に保っている。膜でできた構造物で中の空気によって膜が内側から押されているものは必ず丸くふくらむ。それは中身が水であっても同じこと。生物は水の詰まった膜構造物、つまり水のつまった風船のようなもの。丸くふくらみぷよぷよと軟らかく水っぽいのが生物なのである。

さて、家の中を見回してみよう。四角く乾いて硬いものばかりである。家具はほとんどが四角い箱。木製のタンスも机も、もとは円柱形の木であり多量の水を含んでいたのだが、それを乾燥させ四角に切ったものを四角く組み立ててある。機器類は鉄かプラスチックでできた四角い箱に入っている。そしてそれらが納められている家自体も硬く乾いた四角い箱である。

これらの箱は、底面も上面も水平で、側面は垂直に作られている。これには重力が垂直方向に働き、地面が水平であることが関係する。側面が垂直・底面が水平になっていないと倒れやすいし、上面が水平でなければ上に置いた物が滑り落ちる。以上のことは、力の加わってくる方向がいつも一定に決まっているからそうなっているのである（直方体なら隙間なく並べられ、また積み上げられるから空間の節約になるという理由もあるが）。生物が丸いのは、体にはさまざまな方向から力が加わってくることへの対処である。

家も家具も硬い材料で作られている。硬いと薄くしてもへにゃへにゃ曲がらずに自身で姿勢を保つことができるだけでなく、外から力が加わっても変形しにくく壊れにくい。だから薄い木や鉄板で箱をつくれば、内部に大きな空間を確保でき、中にたくさんの物を収容できてそれらをしっかり守ることができる。風雨や野獣をはねつけ、中で広々と安全に暮らしていけるのが硬い材料でできた住居である。

硬いものは薄くしてもへにゃへにゃしない。そこで硬い材料を用いて鋭い角をもつ刃物を作ることができる。それを用いて野獣を切り裂き、大地を切り裂くのが文明の始まりだった。狩猟とは硬く角のある乾いたもので、丸くて柔らかく水っぽい膜構造物（つまり生物）をできるだけ効率よく切り裂くことである。狩猟は動物が相手だが、穀物が相手の場合は鎌で刈り取る。農耕では切り裂く対象が大地にも向かい、地面を鍬で耕し、また水路や井戸を掘った。さらに大地を深く穿って銅鉱石・鉄鉱石・石炭・石油を掘り出しと、切り裂く範囲が広がっていったが、硬くて角のある乾いたものが文明の利器であることに変わりはない。硬くて角のある乾いたものとは、生物のデザインと正反対のものである。だからこそ効率よく生物を切り裂けるのであり、生物にやさしくないのが文明の最たる特徴と言っていい。

生物のデザイン③　時間

時間は体重の¼乗に比例していた。体重は体長の三乗に比例するから（二一一頁）この関係を代入すると、「生物の時間は体長の¾乗に比例する」ことになる。体長という身体に基づく長さを単位にとり、また心拍という身体に基づく時間を単位にとると、時間と空間とは相関関係をもつのである。これは思うほど不思議なことではないだろう。体の大きなものは成長するのに時間がかかるし、情報を体の隅々まで伝えるのにも時間がかかるのだから、体の大きさによって時間が変わってくる、つまり時空が相関してくるのは、当然と言えば当然ではないか。

さて、時間にはエネルギーも関係してくるのが生物の特徴だった。それに対して時計の時間はエネルギー消費量によって変わるものではない。われわれは時計の針の回転で時間を計っており、その回転はバネや電池に蓄えられたエネルギーにより駆動されているのだが、どのエネルギーで駆動されようと針の回転速度（角速度）に違いがないように作られている。

ところが心臓時計では、エネルギーは針の回転速度そのものにも関係している。心臓という「針」は、またポンプという本来の役割ももっており、ポンプが血を送る速度は、全身が消費する代謝エネルギーに比例している必要があるためである。

生物における時間・空間・エネルギーは次の二つの式にまとめられる（∝は比例するというしるし）。

$$\text{時間} \propto \text{長さ}^{\frac{3}{4}}$$

$$\text{時間} \propto \frac{1}{\text{エネルギー}}$$

時間・空間・エネルギーは、こんな二つの簡単な式で表せる相関関係をもっており、私はこれを「生物の根本デザイン」と呼んでいる。

ニュートンの運動方程式においては、空間の位置について時間に関する微分方程式を立てる。それが可能なのは、空間が時間とは無関係で独立のものだと考えるから。しかし生物がからんでくると、そう単純にはいかないだろう。落ちる物体（落体）として見れば、リンゴもゾウもネズミも同じ運動方程式に従って同時に下に落ちるのだが、落ちている間にネズミには長いと感じられる時間を経験しながら、その間に「落ちる落ちるどうしよう」などとさかんに思っているのかもしれないし、ゾウの方は考えるいとまもなくあっと言う間に落っこちちゃったという感じなのかもしれない。

〈コラム〉身体尺

長さを計る単位（尺度）にはメートルを使う（ギリシャ語の尺度メトロンが語源）。一メートルは「北極点から赤道までの子午線の長さの一〇〇〇万分の一」。つまり地球のサイズを基準にした尺度であり、これはフランス革命時のロゴス中心主義の産物。これに対して、昔から世界で広く使われていたのは、身体を尺度として世界の長さを計るやり方（身体尺）だった。たとえば寸やインチは親指の幅、尺は指を拡げたときの親指の先から中指の先までの距離、キュビットはひじから指先までの長さで、ヤードはその倍、フットが一歩の歩幅、尋は両手を拡げた長さ、等々。

自分の体と比べて何倍かと眺めて初めて世界はその人にとって意味のあるものとなる。ところが戦後日本は、身体尺である尺貫法からメートル法に切り替えた。「身体の大きさは人によりばらつくから不正確。身体によらない世界共通の単位に切り替える方がいい」という考えは、それなりにもっともだが、そのような厳密主義・普遍至上主義により世界の意味が見失われてしまった。英米は、いまだにヤード・ポンドという身体尺を使い続けている。日本は時間に関しては西暦と元号を併用しているが、空間に関してもメートル法と尺貫法とを共存させるやり方もあったのではないか。

社会生活の時間

ここから現代社会の時間について考えていきたい。生物では「エネルギーを使えば使うほど時間が速くなる」。この関係は私たちの社会生活においても成り立つと思うからである。

近代文明は機械を駆使し、機械を動かすのに大量のエネルギーを使う。陸の交通手段を例にとれば、馬車、汽車、自動車、電車とさまざまな輸送用機械が登場し、それらを動かすエネルギーも、畜力、石炭、石油、原子力と、新手のエネルギーを開発し続けたのが近代文明。私たちは便利な機械にとり囲まれて暮らしており、便利とは早くできること、そして便利な機械はすべてエネルギーを使うものなのである。文明は速いと述べたが、エネルギーの大量消費は「速い」と密接に関係している。

二〇世紀を代表する機械として、世紀の前半は自動車、後半はコンピュータが上げられるだろう。これらは使うと時間が速くなるものであり、代表的な「時間加速装置」である。車のエンジンは二回転ごとに一定量のガソリンを使う。だから速く回るエンジンは回転速度に比例してガソリンを使い、車の速度とエネルギー消費量はほぼ比例してくる。コンピュータのCPU（中央演算処理装置）は、0と1の状態が交互に変わることを通して計算するが、状態が変わるごとに一定量のエネルギーを使う。だからコンピュータの演算速度と消費電力はほぼ比例する。つまりエンジンもCPUも回転して元の状態に戻るが、その一巡に一定のエネルギーを使うものとみなせ、ここは生物と同じ。現代を代表する車とコンピュータという二つの時間加速装置において、時間の速度（回転の速度）がエネルギー消費量に比例しているのだから、これらの機械を駆使している現代社会においても、時間はエネルギー消費量にほぼ比例して速くなると考えて、それほど見当はずれではないと思う。

便利な機械とは、それを動かす時にだけエネルギーを使うのではない。機械を作るのにはエネルギーが必要だし、またそれらが働ける環境を整備・維持するのにもエネルギーが使われている。車なら道路網やガソリン供給網、コンピュータならインターネット網や電力供給網。時間を速める社会システムを構築するために相当のエネルギーを使っているのが現代社会なのである。これらも含めておおざっぱに捉え、「社会生活の時間も、その速度がエネルギー消費量にほぼ比例する」と言ってもいいのではないか。ここから先はこの考えが妥当するとした上で話を進めていくことにする。

ビジネスの時間

これほど速くすることに多大なエネルギーを注ぎ込んでいるのは、現代社会がビジネスに支配されているからだと私は思っている。ビジネスとはビジー+ネス、忙しいことである。忙しいとは一定の時計の時間の間にたくさんの仕事を行っている状況、つまり働くペースが速いことを指す言葉だろう。動物の働くペースを代謝時間の速度としたのだが、ビジネスでは人間の働くペースが速いのだから、「社会の代謝時間」の速度が速いと見ていいだろう。忙しいとは時間が速いことである。

私はビジネスを次のようなものだと理解している。ビジネスにおいては、①エネルギーを注ぎ込むと企業の時間が速くなり、その結果、②同じ時計の時間内にたくさんの物を生産できたり、たくさんの情報が集まったりする、すると③お金が儲かる（だから「時は金なり」）。ビジネスでは「①エネルギー→②時間→③お金」という順序でものごとが進んでいく。では消費はというと、「③お金→①エネルギー→②時間」という順に事が運ぶ。お金を出してエネルギーを買い、そのエネルギーで車を動かせば早く着けるし、コンピュータを動かせば短時間に情報を手に入れることができ、結局、早くできた分、余暇という時間が生まれる。お金を出してエネルギーを買うことを通して自由になる時間を買い取っているのが消費ではないだろうか。物品を買う場合もそうで、野菜を例にとれば、小売価格のうちの⅓程度しか農家の手取りにはならない。残りは流通の経費であり、これはいつでもどこでもすぐに欲しいものが手に入るという時間の速さを実現するための経費である。物よりも時間を買うのにより多くを使っているのが消費の現状だろう。

ビジネスの時間が支配している今の世の中では、消費においてもビジネスにおいても、「お金・エネルギー・時間」が三つ組になってくるくる回っている。この回転速度を上げるようにと時間を操作してきたのが近代文明なのである。

職場では当然ビジネスに従事して忙しく働き、帰宅した後も、ビジネスの提供するシステムに従って消費し、楽しんでいる。休日だって何もしないのではなく、あれこれたくさんの事を楽しむようにと煽(あお)り立てるのが今の社会。煽り立てるのはビジネスサイドで、それに消費者が乗せられてしまっている。そのため、生活のすべてがビジネスの時間に支配され、忙しくなっているのが現代ではないだろうか。

速い時間の問題点

近代はより速くを目指してきたのだが、その背景には「より速い＝より幸せ」という思いが皆にあったからだろう。しかしここまで速くなってみると、手放しでそう言えるかは考えた方がいい。

現在、私たちは大量のエネルギーを使って生活している。エネルギー消費量は、石油何バーレルなどと表されるのがふつうだが、量の多さを実感するために、私たちの体が使うエネルギー（＝食物から摂取するエネルギー）を単位として表してみよう。身体尺の発想である。するとの日本人一人の消費ネルギーは、体の使用量の約三〇倍になる。

これは大変な量であり、だからこそ資源の枯渇や地球温暖化が生じているのだが、問題はそれだけではない。大量のエネルギー消費によって変わってしまった時間そのものが問題なのである。

体が使う以外にエネルギーをほとんど使っていなかった時代（たとえば縄文時代）と比べると、今は時間が三〇倍も速くなっていると考えられるのだが、体の時間は縄文時代のまま。現代人の心臓は体重から予想される通りのペースで打っており、とりわけ早いわけではない。

結局、体の時間は昔と変わらず社会の時間ばかりが桁違いに速くなったのが現代なのである。社会の時間と体の時間の間に、非常に大きな速度の違いが存在しており、これがさまざまな問題の原因となっていると私は思う。

桁違いに速い時間に合わせようとすれば、体が無理せざるを得ない。自分のペースと異なるペースで働くと心拍数の上がることが知られている。これは疲れる。通勤電車には疲れた顔が並んでいる。疲れたで済めばまだしも、精神が病んだりすれば一大事。

長時間労働が問題になっているが、これも時間の速度差が生み出す問題の一つ。速いビジネスの時間に追いつくには体の時間も速くする必要があるが、体には独自のペースがあるのだから、速くするにも限度があるに違いない。桁違いに速いビジネスの時間に体は追いつけず、遅れた分を取り戻すには長く働かざるを得ない。だとすれば、長時間労働の規制のみでは抜本的な働き方改革にはならず、ビジネスの時間そのものをもっと遅くする必要がある。

ところがそうしたら負けなのがビジネス。ビジネスを象徴するのは証券取引だろうが、証券の超高速取引では、なんと一秒間に一〇〇〇回以上もの売り買いを繰り返すそうで、それほど速くしないと国際ビジネスでは勝ち残れないらしい。もちろんこんな速い取引を、昔のようにトレーダーが指のサインで行っているのではない。コンピュータを使う。その超人的コンピュータの速さに合わせて仕事をしているのが今の証券マンであり投資家だろう。

長時間労働は大きなストレスになるし、またビジネスの時間（つまりは機械の時間）に合わせるために体のペースをはるかに超えた速さを維持するのも、大きなストレスとなるに違いない。さらに証券マンなど、こちらは夜でも海の向こうのマーケットは開いているのだから、夜もおちおち眠っておれないとなれば、これも大きなストレスになる。

別のストレスもある。この忙しい社会は科学技術が作りだしたもの。その科学について夏目漱石は『行人』の主人公にこう語らせている。《人間の不安は科学の発展から来る。進んで止まる事を知らない科学は、かつて我々に止まる事を許して呉れた事がない。徒歩から俥、俥から馬車、馬車から汽車、汽車から自動車、それから航空船、それから飛行機と、何処迄行っても休ませて呉れない。何所迄連れて行かれるか分からない。実に恐ろしい》。現代の時間は速いだけではない。技術革新により時間の速度がどんどん速くなって止まるところを知らないから、いつ追いつけなくなって落ちこぼれになるかもしれないという不安を常にわれわれに与え続ける。また、技術により社会のあり方や仕事の仕方もがらりと変わる可能性は大いにあり、実際、将来ＡＩに仕事をとられるのではないかという不安の声はよく聞く。これもストレスの原因になる。君たちが現在いいなと感じて目指している職業が、そうではなくなる可能性もある。二〇三〇年までに労働人口のほぼ半分がＡＩとロボットで置き換えられてしまうとの試算があり、君たちもこの不安と無縁ではないはずだ。

きわめて忙しいのがビジネス。忙しいとは《急がずにはいられない、落ち着かない、ひまがない、用が多い》こと（広辞苑）。「忙」は心（立心偏）＋亡。落ち着くひまがなければこの字が示唆するように、心が亡びるのではないか。だからこそ、こんなに豊かで便利になったにもかかわらず、毎年二万人もの自殺者が出るのだろう（自殺者数は先進国中最多）。前にも述べたが四人に一人が自殺したいと思ったことがあるとのこと。それほど死にたいと思わせる社会など、まともなものとは言い難い。

アダム・スミス（一八世紀イギリスの倫理学者・経済学者、近代経済学の父と呼ばれることもある）は《幸福は、平静と享受にある。平静なしには享受はありえないし、完全な平静があるところでは、どんなものごとでも、それをたのしむことができないことは、めったにないのである》と言っている（「道徳感情論」、享受とは《精神的にすぐれたものや物質上の利益などを、受け入れて味わいたのしむこと》〈広辞苑〉）。時間に追いたてられ、不安を抱えて生きているのが現代人の生活。これでは心が平静であり得ないし、幸福とも感じられないだろう。

〈コラム〉機心

機械の使用は心にも影響するとは、はるか昔に荘子（中国の思想家、紀元前三―四世紀）が注意を喚起したところである。

《機械を有する者は、必ず機事有り。機事有る者は、必ず機心有り》（荘子第十二天地篇）

老人が水瓶を抱えて坂を下りて井戸の水を汲み、上って畑に撒き、また戻って水を汲みを繰り返していた。それを見た人が、はねつるべ（天秤の一端に桶を下げ、もう一端に錘をつけたもの）を井戸に設置すれば楽に水を汲めると教えてやったことへの老人の返事が右の言葉。少し後まで訳で引用すると、《機械をもつものには、必ず機械にたよる仕事がふえる。機械にたよる仕事がふえると、機械にたよる心が生まれる。もし機械にたよる心が胸中にあると、自然のままの純白の美しさが失われる。純白の美しさが失われると、霊妙な生命のはたらきも安定を失う》。

ＳＮＳを使えばいつでもどこでも簡単に友達と連絡がとれる。おかげでどうでもいいことまでどんどん連絡し合う事態も生じてくる。どうでもいいものだからと無視すると人間関係が悪くなるおそれがある。そこで常にスマホに注意をはらい、すぐに返事をしなければならない。機械のおかげでそれまでにはなかった用事（機事）が生じ、かえって忙しくなったのである。

連絡を受けての返事も自分で考えるのではなく、いいね！　などのいくつかのうちから選択してボタンを押す。ＳＮＳでは文字数に制限があり、ＳＮＳを多用すると、自分の言葉でじっくり考えて伝えるという習慣のない人間になるのではないか。

センター入試でも事態は似たようなものだろう。コンピュータで採点する必要から、答えは選択肢を選んでマークシートの番号を黒く塗る。選択肢を選ばせる問題では、あまりに問題を簡単にすると全員が正解になってしまうから、問題文はどうしてもこみいった長いものになりやすい。こんな長いもの、じっくり読んでいたらとても時間内には解けないというのが、出題委員のだれもがもつ感想だった。受験生はどうやって解くのかと聞けば、問題と選択肢を一目見て、このパターンの問題ならこれが正解と、パターン認識でぱっぱっと判断して黒丸を塗っていく。それができないといい点数がとれないのだそうだ。これでは判断する時間の速さを計っているのがセンター入試。それは一つの才能であっても、創造性とは関係がない。もし創造力を計りたければ、解答時間無制限で記述式の試験をすればいい。そうできないのはコンピュータで採点しなければならないため。SNSであれセンター入試であれ、限られた時間で大量のものを処理する必要から、コンピュータが扱いやすいように、人間の行動や考え方のほうを合わせているわけで、これは人間の心がコンピュータの心（機心）になったと呼べる事態だろう。

機械によって時間が速くなっている社会では、機械の速度に合わせることのできる速い判断力が求められる。つまり頭の回転の速さが求められているわけだ。そういうものが現代社会なら、センター入試もSNS漬けの生活も悪くないのかもしれないのだが、ちょっと立ち止まって考えてみたい。
《頭がいいとかわるいとかいふ言葉は昭和になつて流行するやうになつた表現のひとつであるらしい。その場合の頭のいい、わるいは、頭脳回転の速さを、暗黙のうちに意味してゐた》（桶谷秀昭『昭和精神史』）。大正時代の小説家にとって、頭の回転の速さなど、まったく問題にならなかったらしい。そして江戸前期の儒者伊藤仁斎は、《剛毅木訥は仁に近し》という論語（子路）の言葉にこんな注をつけている。《木は、質樸。訥は、遅鈍》（『論語古義』）。質樸は《かざりけがなく律儀なこと》、遅鈍は《遅くてにぶいこと。気転がきかないこと》（広辞苑）。貝塚茂樹はこの注を《木とはありのままで飾りけのないこと。訥とは、頭の回転が遅いことだ》と訳す。けだし名訳である。訥は訥弁の訥であり、ふつうは口が重いことと取るが、これを頭の回転が遅いことだと仁斎は敷衍し、それが仁（儒教の最重要の徳）に近いと言う。現代ではこれほど重視されている頭の回転の速さを、仁斎はかえって仁から遠く、よくないこととした。

明治以降の教育の本質を三田宗介はこう見抜いている。《教科の内容自体よりもむしろ、時計的に管理された生活秩序への児童の馴致にある》（『時間の比較社会学』）。機械の時間に合わせることを国民にたたきこみ、また機械の速さに見合う頭の回転の速さをもった子に育てることにより、産業においても、軍隊においても、機械を駆使できる国民をつくり、富国強兵を達成したのが近代日本だったのだろう。機械化にともない、人の心や価値観も大いに変わってきたのである。

最近では心だけが心配ではないだろう。医療技術の進歩により、何本ものチューブを挿入されて命を保っている事態が起きているのだが、これでは心のみならず体そのものも機械になってしまいかねない。

それにしても、はねつるべという、機械とはとても呼べない簡単な道具を見て、これほどのことを言ってしまうのだから荘子には畏れ入る。もちろん機械がすべて悪いと言っていたら現代では生きていけないが、人間そのものが機械化される恐れのあることは、自覚しておく必要がある。

時間環境

社会の時間とは、私たちがその中で暮らす環境とみなせるから、これを「時間環境」と私は呼んでいる。環境はその中で生きて行くことが可能なもの、つまりわれわれが適応可能なものでなければいけない。また、環境は安定していてこそ、その中で安心して生きていける。

では今の時間環境はどうだろうか。ドッグイヤーなどと言われ、年々時間環境は速くなっていき、まったく安定していない。これでは平静になどなれはしない。そして今やその速さが体の適応可能な限界に近づいているのではないか。

限界をまず感じるのは高齢者だろう。若者の時間は速いから、速い社会の時間にも追いつきやすいと思われるが、体の時間の遅い高齢者はそうはいかない――これは古稀を迎えた私の実感である。テレビの喋りは速すぎて聞いていて疲れるし、人ごみでまわりの速度に合わせて歩くのにも疲れる。新型券売機の前でまごまごし、舌打ちの音が後ろから聞こえてきてすっかり落ち込んでいるきょうこの頃である。最近多発している高齢者の自動車事故は、車の速い時間に追いつけなくなった証拠だろう。

七〇歳の時間は二〇歳の時より一・二五倍遅い（二三八頁）。数字の上では大差ないと見えるかもしれないが、本人の感覚としてはきわめて大きい（これは痛切な実感）。そして車は一瞬の判断の遅れで大事故になる。もう一つ高齢者の困ること。パスワードを一字打ち間違えただけでパソコンは言うことをきかない。速いとは効率がいいことであり、間違いや、その機械の速度に合わないものなど相手にしていては効率が下がる。こういう機械に取り囲まれているのが現代生活なのだから、高齢者が困難を感じて当然だと思う。

車もコンピュータも、若者だからこそ、その速い時間になんとか合わせていけるものだろう。今や社会の時間が、若者でもやっと追いつける速度で進んでおり、それも四人に一人は追いつけないと感じて死を思うほど速い。お年寄りにやさしい社会を作りたいなら、時間を高齢者の時間に合わせる必要があり、それは若者にとってもストレスの少ない社会になる。高齢者と若者との違いはわずか一・二五倍なのだから、社会全体の時間をその程度遅くすることはできないものだろうか。

時間環境の破壊

限界を超えて速くなり続ける時間。これは時間環境が破壊されていると言っていい事態である。時間環境を適切にするには、もっとゆっくりした社会にすればよいのであり、エネルギーの使用量を減らせば、それはたちどころに実現できる。体のペースを基準にして、社会の時間の速さはこのあたりが限度という歯止めを設定すべきだと思う。

現代社会はさまざまな価値観を認める「何でもあり」の社会であり、こうでなければいけないという規範の根拠を得にくい。だからこそ技術も「何でもあり」になりがちで、止めどなくどんどん進んでいく。しかし技術とはわれわれが幸せになるためのものであるならば、幸せと感じられる最低限の条件は守る必要がある。生物はそれぞれ独自のペースをもっており、体のペースを大きく超えては身心ともにおかしくなる。あるペースを超えて速くなってはいけないという歯止め規定を技術はもつべきではないか。技術倫理を考える際に生物のデザインを考慮すべきだと思っている。

エネルギー使用量を減らせば時間環境問題のみならず、他の環境問題も解決される。エネルギー消費が少なければ再生可能エネルギーだけで間に合うから原発の問題は起きないし、地球温暖化の問題も解決される。生産速度を落として物の生産量・消費量を減らせば、廃物の問題も資源枯渇の問題も解決される。だから多くの環境問題の根っこには、時間環境問題があると言っていい。ところが現代人には、時間は何をやっても変わらないという古典物理学の考えがしっかりと根を下ろしており、その見方に立てば時間環境問題などというものはありえない。だからこそ時間をはじめ多くの環境問題に対して、根本的な手を打てないでいるのではないか。時間の見方を変えるべきだと思う。とくに時間加速装置を作っている技術者が古典物理学的世界観・時間観を強固に身に着けた人たちであり、この方々に発想の転換を求めたい——とはいえ、すでにできあがった大人に世界観を変えてもらうのは至難の業。そこで次時代を担う君たちに期待する。ここで述べたような見方のあることを覚えておいてくれると嬉(うれ)しい。

不活発な時間を活発な時間に

現代人はエネルギーを使うことにより、時間を生み出していると私は見ている。時間の生み出しかたには二つある。一つはエネルギーにより便利な機械を動かして時間を加速し、自由に使える時間を生み出すやり方で、これはすでに述べた。

もう一つのやり方は、エネルギーを使って不活発な時間を活発な時間に転換し、自由に活動できる時間を生み出すやり方である。電気で明かりをつければ、眠るだけだった夜という不活発な時間を、活動できる活発な時間に転換できる。石油を燃やせば、寒さで縮こまっているだけだった冬という不活発な時間を、のびのびと活動できるものに転換できる。ルームクーラーをかければ、暑さでうだーっとしているしかなかった真夏の時間を、快適に働けるものに変えられる。恒温動物はエネルギーを大量に消費して体内の温度を一定に保ち、それにより時間の速度も恒(つね)に速い一定値に保つと述べたが(二四一頁)、人間はさらに一歩を進め、大量にエネルギーを消費して自己のまわりの環境の温度を一定に保ち、光量も保ち、それにより社会の時間の速度を恒に速い一定値に保っているとも言えるだろう。現代人は恒環境動物へと進化したのである。

さて、最も不活発な時間は死の時間。医療はこれをも活発なものに転換した。その結果が現代人の長い寿命である。電源が失われれば病院が機能しなくなるのは大地震の際に経験したところ。医療器機を動かすにはエネルギーが要るし、器機を作るにも、医薬品を作るにも莫大なエネルギーが要る。われわれは大量のエネルギーを使うことにより、死の時間を生きた時間へと転換することに成功したと言っていい（補足すると、死んでいる時には、生きた時間＝代謝時間は流れておらず、物理的時間だけが流れている。それを、エネルギーを使って生きた時間に転換したとここでは考える。生きた時間を、エネルギーを使って生み出したと考えてもいい）。

縄文人の寿命は三一歳だったという推定値がある（小林和正『出土人骨による日本縄文時代人の寿命の推定』）。この時代は乳幼児死亡率が高く、また乳幼児の骨の出土が少ないため、それを外して一五歳、つまり生殖年齢に達したものの平均寿命が三一歳（もうほんの少しだけ長かったのではないかという意見が最近あるが）。縄文以後もそれほど事態に変化はなかった。明治に入って生命表がつくられるようになり、その第一回のものによれば寿命は男四三歳、女四四歳。ところがこれには統計上のあやまりがあり、実際には明治一九年での寿命は男女とも三三歳だったらしい（立川昭二『明治医事往来』）。戦後すぐでも寿命は五二歳。それが今や八〇歳を超えた（二〇一七年には男八一、女八七）。

明治時代にはコレラやペストが大流行した。戦前には結核は死の病だった。結核はストレプトマイシンで治るようになり、寿命の伸びに大きく寄与した。予防接種も普及した。医療に加えるに、上下水道が整備されて衛生がよくなり感染症が大幅に減った。また食料が豊かになり体力がついた。冷暖房により老人が夏に熱中症で、冬に脳卒中で死ぬことが少なくなった。冷蔵庫の普及も寿命の伸びに関係している。昔は塩鮭（しおざけ）やたくあんのように塩漬けにして食品を保存したため、これらを長年摂取し続けると高血圧になりやすく、寒風の吹き上がってくるトイレで力んで脳卒中で倒れることがよくあったのである。

上下水道というインフラを整備するにせよ、冷暖房・冷蔵庫を動かすにせよ、そしてもちろん医療にもエネルギーが必要なのであり、今の長寿は厖大（ぼうだい）なエネルギーの使用ではじめて可能になっている。金でエネルギーを買い、そのエネルギーで時間を買い取っているという、消費のところで述べたのと同じ事がここでも起きているのである。金がなければ長生きできないことは、ＧＤＰと寿命との間に正の相関関係があることからも見て取れる。

どうすれば長寿の許可証がもらえるか

日本は豊かになり、長寿を楽しめてまことに目出度（めでた）い事態なのだが、これを手放しで喜ぶのは生物学者として、いささか躊躇せざるを得ない。野生では老いた動物は原則として存在しないのであって、足が衰えたり眼が霞んだり免疫力が衰えれば、たちどころに野獣や病原菌の餌食になるのが現実。

それで動物としては差しつかえないのである。老いて生殖活動ができなくなったものが生き残れば、子の餌を奪うことになり、その結果、孫の数が減る。それでは〈私〉は続かない（五四頁）。だから「老いた者は速やかに消え去るべし」が動物としての正しい生き方である。

ヒトは四〇代で老眼や薄毛という明らかな老いの兆候が出る。前章で心臓が一五億回打つと哺乳類は寿命と述べたが、ヒトサイズの動物では、それは四一・五歳。まあ、このあたりが動物としてのヒトの寿命なのだろう。縄文時代にも長生きの人はいたのだが、多くはなかった。五〇歳を超すのは七％、六〇歳を超すのは一％ほど。室町時代でも六〇歳以上は一〇％程度だったらしい。

ヒトの閉経は五〇歳あたりで起こる。自然界では、生めないほど老いた個体は原則として存在しないわけで、生めなくなる時点で寿命が尽きるように体ができていれば原則通りなのだが、ヒトの場合、わざわざ生殖活動だけを閉じる。閉経のみられる動物は、シャチなど、社会生活をいとなむほんの数種のみ。なぜヒトには閉経があるのだろう。

その説明におばあさん仮説がある。子育ての経験をもつおばあさんが、娘の出産・子育てを手伝うと、その子の生き残る確率が上がるから、おばあさんには存在意義があるという説である。

体力が落ちてからの出産には大きなリスクが伴う。失敗したなら大変な資源の無駄使いになるから、それを避けるために、実務に携わるのはいさぎよく卒業し、子育て支援に人生を切り替える。これが閉経の意味だろう。閉経をともなう長寿は「〈私〉が続くことに寄与する」という条件付きで与えられた長生きの許可証だと見なせる。

おばあさんの存在価値は以上で説明がつくのだが、説明可能な期間は孫育てが済むまで。縄文時代だと一五歳で元服髪上げして結婚し、三二歳で初孫の顔が見られる。孫はあと一〇年ほど生まれ続けて最後の孫が一五歳になるまで面倒を見るとすると、おばあさんは五七歳になる。そこまで生きればひ孫の顔まで見られ、おばあさんとしての役目は充分に果たしたことになる。ひいおばあさんまでは必要ない。

戦後、寿命が五〇歳から九〇近くにまで伸びた。その長寿が次世代の〈私〉のためになるならば生物学的な意味づけは可能なのだが、現実には、老人の長生きにより医療と介護に人手と予算をとられ、そのしわ寄せとして保育園が不足し、若い世代の貧困化も起きて子供を産みづらい事態に立ち至っている。次世代に手を貸さずにかえって足を引っ張っているのが今の長寿だとしたら、これに対して生物学的には許可証はおりない。

〈コラム〉長生きの蝶（ちょう）

ドクチョウは中南米の熱帯に広く分布する仲間で、名前のとおり毒。幼虫はトケイソウの葉や茎を食べて育つが、この草には、食べて分解されるとシアン化物になる物質が含まれている。シアン化物は劇毒（リンゴの芯や青梅にも同様の物質が含まれている。ドクチョウにはこれを無毒化する酵素がある）。ドクチョウの幼虫は餌から得た毒を体に蓄え、毒は親になっても保持される。そのため、鳥はドクチョウを口にしてもすぐに吐き出し、その後、二度と襲うことはない。ドクチョウの仲間はどれも黒地にオレンジ・黄・白の塗り分けや斑点という、派手なヒョウ柄似の装いをしており、互いによく似ている。こうすることにより、この仲間はみな食べると毒だと捕食者の鳥に広く宣伝しているのである。

じつはこのドクチョウが、蝶としては例外的に長生きなのである。モンシロチョウもキアゲハも、羽化後二週間程度で死ぬ。交尾・産卵してすぐに死んでしまうのだが、ドクチョウの場合、羽化後半年も生きる。この長寿は、長く生きて鳥に自分を襲わせ、食べたら毒だということを学習させ、次世代が狙われにくくしていると解釈されている。体を張って次世代のために長生きしているわけだ。成虫はウリの花粉を餌としており、子の餌のトケイソウは食べない。次世代の資源を奪うことなく次世代のために働いているのがドクチョウの親。こういうものが、進化により長生きの許可証を与えられているのである。

拡大版利己主義のすすめ

ドクチョウと異なり、次世代の資源を奪って長生きしているのが現代人。長寿を支える医療や介護は赤字国債によりまかなわれているが、これは次世代の資源を奪う行為である。現代人は赤字国債で寿命を買っており、この調子で国債を発行し続ければ、いずれ国家財政は破綻して医療費をまかなえなくなり、結局、寿命も短くなるのではないか。孔子曰く《老いて死せず。これを賊となす》（「論語」憲問）。賊とは泥棒のこと。今の高齢者は次世代の寿命を盗んで長生きしている時間泥棒なのかもしれない。

泥棒は高齢者だけではない。現代社会は大量のエネルギーと資源を使うことにより成り立っているが、石油やレアメタルなどには限りがあり、次世代の使うべき資源を食いつぶしながら皆が生活しているのである。地球温暖化や原発事故による長期の環境悪化も、住み場所という資源を「食いつぶして」次世代が使えなくしている行為だと言っていい。だから全員が泥棒。現代は泥棒社会なのである。

そうなるのは現代が功利主義の社会だから。功利主義においては、他人に迷惑をかけない限り自由。そして他人とは「迷惑だ」と裁判に訴え出る可能性のある人のことである。まだ生まれていない世代は訴訟を起こせないから、次世代に配慮する必要はない。功利主義とは、しかたなくまわりと妥協している利己主義なのであり、利己主義（エゴイズム）が基本となっているのが現代社会なのである。そんな現代で「利己主義はいけない、次世代に配慮して長生きを自粛せよ、資源の枯渇や環境に配慮してもっと省エネの生活（つまり不便な生活）にあまんじよ」と言っても通用しない。

そこで「利己主義、大いに結構。ただし利己の己を考えて欲しい」という言い方で現代人にアピールしたい。生物学的に考えれば、子は私、孫も私であり、私（己）を時間的に拡張して〈私〉＝〈己〉として捉えようというのが本書の考えだった。今の自分だけよくても、子の〈私〉、孫の〈私〉がみじめなら、三代の〈私〉の幸せ度の合計は下がってしまう。そこでトータルの〈己〉を利する利〈己〉主義者（＝「拡大版利己主義者」）になろうではないかというのが小生の提案。これは自分の世代だけのエゴイズムを野放しにすることなく、次世代をも大切にする発想である。となると長生きはダメとなってしまうのだが、そんな考えには誰もついてこないから、利〈己〉主義に寄与するならば長寿には許可証がおりると考える。

「人間の名に値する生命」が永続するように

現代社会は技術により作り上げられた巨大システムだと言っていい。好きであれ嫌いであれ、その中で生きていかねばならない。技術はわれわれの社会に、そして人生に、非常に大きな影響力をもっている。だから技術がどのようなものであるべきかを真剣に考える必要があるのだが、考えることを技術者だけにまかせておくわけにはいかない。

『責任という原理　科学技術文明のための倫理学の試み』という名著がある。この中でハンス・ヨナス（二〇世紀ドイツ生まれの哲学者）はこう述べる。《汝（なんじ）の行為のもたらす因果的結果が、地球上で真に人間の名に値する生命が永続することと折り合うように、行為せよ》。科学技術が最低限守るべきものは、①永続と②真に人間の名に値する生命だとヨナスは言う。この二点につき、本書で述べてきたことと関係させて考えてみたい。

①永続

これはまさに本書で生物の目的として述べてきたもの。それが技術においてもまず考慮すべきものだとヨナスは言う。我が意を得たりである。

そもそも生物として永続できなければ、人間がどんなに偉そうなことを言っても虚しいだけだろう。もし一五〇年後に地球が亡びるとなった時に、「寿命はせいぜい一二〇年。その先がどうなったって私には関係ない」とすました顔で過ごせるとはとても思えない。

生物とは環境に適応しているものであり、それは明日もそして次世代になっても、今の環境がそれほど変わらずに続くと仮定して、自分の体をその環境に合わせてつくり、子も自分とほとんど同じものとしてつくっていく。そういうものが生物なのである。これを時間の言葉で述べれば、過去にはこうして生き残れたのだから、未来は不確実ではあるが、ほぼ過去と同じだろうと未来のあり方に期待しながら今という時間を生きているのが生物だと言えるだろう。環境はほぼ昨日のように明日も続くということが大前提になっているのが生物。たとえ人間であっても、その大前提が保証されなければどうしようもない。技術者とは生態系エンジニア（二六八頁）なのであり、その大前提をくつがえすような生態系エンジニアとしてのふるまいは避けねばならない。

ところが現代においては技術者も一般市民も、永続にそれほどの価値を置いていないように小生には感じられる。「技術が拓く明るい未来」が技術者の合い言葉であり、今よりは未来の方がよりよいと考えるのが技術。たとえ現在の時点で未来をよくする技術が開発されていなくても、いずれ技術はそれを可能にできるという明るい希望に寄りかかっているのが技術者の考え方のようだ。永続とは今の状態がずっと続くことであり、未来という未だ来ないものの永続は考えようがない。今よりは未来に軸足を置いているのが技術社会だとすれば、今の永続、ひいては永続全般のことを忘れがちになるのは当然のことだろう。この点が今、大問題になっているのであり、このままでは将来の社会も将来の〈私〉の永続もあやういし、たとえ続いていけたとしても悲惨な生活を強いられる危険性が高い。

生物は回せば続くという方法をとっている。世代を回しながら〈私〉が続いていく。生態系も物質循環があって、物質をリサイクルしながら回って続いていく。世代を回すのは食物エネルギーであり、生態系を回すのは太陽エネルギー。エネルギーを使って時間をゼロにリセットしながら回って続いていくのが生物の世界である。まっすぐ進んで行ったら、どこに行くか分からない。だから『行人』の主人公のように不安になる。それに、行き先には破滅が待っているのかもしれないのである。この場で回り続けるならこういう危険はない。回して続くという方法を開発して、生物は熱力学第二法則に曲がりなりにも打ち勝ってきた。

ヨナスの言葉には「永続」に「地球上で」という形容詞がついている。地上と違い、天国や浄土では第二法則は働かない。だからこそあの世では個体としての永続が可能なのである。あの世を考えられるところが生物を超えた人間の特徴であり、その特徴を最重要視してあの世をこの世よりも優先し、永続はあの世にまかせればいいというのは一つの考えだろう。大宗教はこの立場をとる。しかし、そうだから技術は永続を考えなくてもいいとはならず、技術はこの世のことをのみに考えを絞るべきだというのが「地球上で」という言葉をヨナスがここに入れた理由の一つだと思う。

もう一つの理由。宇宙開発にたずさわっている技術者の中には「地球がだめになったら別の星に移ればいい」という考えがあり、これに対してヨナスが釘を刺しているのではないだろうか。「環境が汚染されてしまったら、そんな場所は捨てて別の場所に移住すればいい」とサバサバ思える人がそう多くないことは、東日本大震災が教えてくれたこと。たとえ繰り返し津波の来る場所であっても、故郷は故郷、かけがえのないものである。私は今だけを生きているのではない。過去の〈私〉の歴史を背負った今を生きているのである。父祖の地を失えば、それだけ私の今は貧しくなる。

物理法則はいつでもどこでも成り立つものであり、これには歴史という視点がない。技術者は古典物理学的時間観・空間観に立つものであり、どうしても歴史を軽んじがちになる。これには要注意。

②真に人間の名に値する生命

この点に関しては三つの視点から考えてみたい。

a 現代の技術はゆるくない

技術は身体能力の限界を広げてきた。ただしそれは身体のデザインとはまったく異なるデザインを持つ器機の助けにより成し遂げられたものである。時間加速装置で身体の時間速度を大きく超えることができるようになったのだが、それにより心の平静を保つのが困難になったのではないかと先ほど疑問を呈した。

硬く乾いて角があるデザインについても同様の疑問を呈することができるだろう。乾いて角のあるものは生物と極端に相性が悪い。こういう機器にとり囲まれているから心の平静が得にくく、だからこそ丸いふわふわしたぬいぐるみを抱きしめれば癒されるし、丸っこくふわふわのパンダにあれほどの人気が出るのだろう。今や日本全国津々浦々に広がったゆるキャラも皆丸っこい体に丸い大きな目をもっている。「ゆるい」とは、《たるみや隙間がある、ゆっくりしている、水分を含んで軟らかい》などと広辞苑にある。ゆっくり、水、軟らかいという、まさに生物のデザインの言葉が並んでいるではないか。

ゆるいのは「隙間」があることだという点も注目に値する。現代の速い生活には隙間がない。びっしりと書き込まれたスケジュール帳に従い、次々と予定を消化していく。休暇であっても時間に従ってこなしており、何もしない隙間の時間がない。以前だったらぼーっとしていた隙間時間にもスマホをいじる。隙間は無駄だとし、無駄を省いて効率を上げるのが性（さが）になっているのが現代人。

隙間がないのは時間だけではない。空間にも隙間がない。哺乳類の生息密度と体重の関係を示すアロメトリー式が求められており、密度は体重にほぼ反比例する。大きな動物ほどまばらに住むものなのである。アロメトリー式から予測されるヒトサイズの動物の密度は一・四匹/km²。東京都区内の人口密度は一万五一七〇人/km²だから、なんと一万倍以上のぎゅうぎゅう詰めで隙間なく住んでいるわけだ。

人口密度が高く企業も集中していれば、人と人とであれ企業間であれ、互いに連絡を取り合う時間が短くて済み効率がいい。密度が高いとは距離が近いことで、空間と時間は相関しているのである。時間が速いとは便利なこと。都市の生活はまことに便利。そこでますます人が集まって来ることになる。これだけの人口を養うには、もちろん地産地消とはいかず、食料も資源・エネルギーも国内外から大量に運んでこなければならない。こんな大都市という人口稠密（ちゅうみつ）な空間が実現できるのも、外部から厖大なエネルギーを注入しているからであり、だからここでも空間・時間・エネルギーが関係してくるわけだ。

時間であれ、形であれ、材料であれ、科学技術の作り上げたものはゆるくない。ゆるみがないとは、いつもピンと張って緊張している世界。そんな世界で平静を保つのはなかなか難しい。「真に人間の名に値する生命」として生きていくのも困難になるのではないだろうか。

b 技術の生み出す時間は運動的時間である

現代人は時間加速機を駆使して時間を生み出している。その時間がはたして「真に人間の名に値する生命」の時間なのかどうかも吟味する必要があるだろう。われわれは非常に多くの時間を機械と向き合って過ごしている。そのあいだ、エネルギーを使って働いているのは機械であり、われわれは機械のオペレーターとして機械に付き添っているだけかもしれない。だからこそ機械の時間にこちらの時間を合わせる必要が出てくるのではないか。これは機械に奉仕している事態であり、一日の時間の多くを、いわば機械の奴隷になっているわけだ。

アリストテレスは時間を運動的時間（キーネーシス的時間）と活動的時間（エネルゲイア的時間）とに区別した（二四二頁）。二つの区別は自前の目的があるかどうか。機械とは外部に存在している目的を達成するために働くものだから、機械の時間は運動的時間であり、機械のオペレーターとして働いている時間も運動的時間。職場においては機械のオペレーターとして働き、家に帰ってからも機械を使っているのが現代人だとすると、ほとんどの時間が運動的時間で暮らしていることになる。機械を使った運動的時間において、われわれは非常に多くのことを行っているように見えながら、働いているのは機械であり、われわれ自身は活動的時間を持てていないのかもしれない。

活動的時間に速い遅いはなかった。ところが運動的時間は外部の目的に向かって進むものだから、目的に到達できる速さが問題になる。速い方がいいという価値観で成り立っている現代の時間は、ほぼすべてが運動的時間になってしまっているのではないか。活動的時間こそが「生きられる時間」であってそれを充実させなければならないとの言葉を引用したが（二四九頁）、活動的時間が少なく、「機械の奴隷」として働いている運動的時間ばかりになっている現代人を「真に人間の名に値する生命」と呼べるかどうかは問題にできるだろう。

c 技術による長寿

現代人は技術のおかげで長寿になったのだが、寿命の伸びた部分に関しても「真に人間の名に値する生命」と呼べるかどうか大いに問題視できるだろう。ヒトは長い間三〇代そここの寿命であり、そこまでは進化の過程で体が問題なく働くようにつくられている。それを超えて今、長生きしている部分は長いヒトの歴史の中では自然選択を受けていない。いわば進化の保証期限切れの部分なのである。だからこそ機能の低下が起き、腰も膝も痛む、白内障で目は霞む、ガンにもなると、医療費がかかるわけだ。後期高齢者（七五歳以上）は六四歳以下の一四倍もの医療費を使っている（二〇一五年）。結局、ガタガタになった体を抱え、いつ壊れてしまうかとおびえ続けている長い期間が医療という技術により作り出されてしまったのである。そんな技術頼みのガタガタの生を「真に人間の名に値する生命」と呼べるかは疑問だし、医療費と介護費は大半が赤字国債という次世代への借金でまかなわれているもの。自分で返すつもりのない借金でぬくぬくと生活をしている人間を「真に人間の名に値する生命」と呼べるかも大いに疑問となる。

もちろんガタガタになっても生きていけるのは技術の成果なのであり、それができるのは人間だけ。だから誇りをもって長寿を謳歌（おうか）しようではないかと、明るく考えることもできるのだが、私のように気の小さい人間は、「われわれは社会のお荷物。生物学的にも意味がないとなれば、どうしたらいいのか?」と悩んでしまう。自発的に悩むのならまだしも、これを理由に年齢差別を受けるなどという、あってはならぬ事が起きないとも限らない。そこで、老いの負の面を認めた上で、それを補ってあまりある意味に満ちた(社会にとっても個人にとっても有意味な)生き方を考える必要があると私は思っている。「真に人間の名に値する生命」として老いの時間を生きるにはどうしたらいいのだろう?

この問題は君たち若者にとっても他人事ではない。高齢者の面倒を見るのは君たちだし、高齢者の介護・医療にかかる莫大(ばくだい)な費用のつけを支払わせられるのも君たちである。そしていずれ君たちも高齢者の仲間入りをする。高齢者をどう支えていくのかという問題(社会的問題)も、たとえ体がガタガタであっても幸せで意味のある老いの時間をもつにはどうしたらいいかという問題(個人的問題)も、どちらも君たち自身のこととして考える必要がある。日本は世界の先頭を切って超高齢社会に突入しており、他国に手本を求めることはできない。われわれ自身の手で何とか解決策を考え出さねばならないのだが、今の高齢者は支えられる側の利益代表者だから、彼らだけにこの問題をまかせておくわけにはいかない。君たち支える側が、自分もいずれは支えられる側になることを考慮しながら解決策を出して欲しい。

拡大版生殖活動

とはいえ、こう言って問題を君たちに丸投げしてしまっては、やはり無責任だろう。この問題は稿を改めて論ずべき大問題なのだが、古稀というまだ少々働ける時点で私がどんなことを考えているか・実行しているかを、ほんの少しだけ書いて本書を閉じることにしたい。

ここでもやはりアリストテレスを参考にしようと思う。高齢者の社会におけるあるべき行動（社会的問題）と、高齢者個人の幸せな生活（個人的問題）の二つをここでは考えなければならないのだが、後者については幸福感という言葉があるように、幸福を快感や欲求達成感という個人の感情だと捉え、社会や未来がどうであれ「いいじゃないのよ、私が今しあわせならば」となりがちなものだ。だがアリストテレスは幸福（エウダイモニア）を社会の中での行動として捉えており、彼の幸福論に基づけば、社会と個人の問題を同時に考えることができる。

アリストテレスによれば《幸福はよき生、よき働き》であり、《幸福な生活とは（遊びではなく）かえって、卓越性（徳、アレテー）に即しての生活であると考えられる。かかる生活は……よりよきものなのである》（これを含め以下のアリストテレスの引用はすべて『ニコマコス倫理学』）。エウダイモニアにはエウダイモネン（よくやっている・よく生きる）という動詞形があり、よく生きるという活動と結びついているのがエウダイモニア。《生き甲斐のある人生を生きている》のがアリストテレスの幸福だと解説されている（アームソン『アリストテレス倫理学入門』）。

ふつう幸福というと、希望の大学に入れたら幸福、楽しく心地よければハッピーというように、幸福をなりたたせる他の原因があるものだが、アリストテレスの幸福はそれとは違って自足的なもの（そのこと自体で満ち足りているもの）である。ただし、と彼は言う。《自足的と言っても自分だけにとって充分であるという意味ではなく……親や子や妻や、ひろく親しきひとびととか、さらに国の全市民をも考慮にいれた上で充分であることを意味する。人間は本性上市民社会的なものにできているからである》。アリストテレスのいう幸福とは社会（ポリス）の中で他者までをも考慮してよく生きることなのである。

今の社会は「自分だけにとって充分」しか考慮しないところに問題があった。アリストテレスは考慮の対象を「親や子」（つまり本書での〈私〉）へ、さらに「国の全市民」へと広げる。それだけ広く考慮するところが単なる生物ではない人間の幸福なのだろう。アリストテレスは《（高潔な人は）友人を「もう一人の自分」》と見ると言っており、彼は〈私〉を血族からさらに広げて考えていたことになる（この点は儒教と同様）。

社会に貢献する働きをすればよく生きていることになり、そういう人間は幸福であり、またよい人間と呼べるだろう。さて本書の「はじめに」にも書いたが、よい人間とよい生物とは必ずしも一致する必要はない。だが私は生物学者だから、できることなら両者が一致した生き方をしたいものだと願っている。ではどうするか。

ヨナスは永続を重視した。それに従えば、社会の永続に寄与する活動を行っている人間はよい人間だと思われる。社会がずっと続くには次世代が健やかに育ってくれる必要がある。生物が次世代をつくり育てるのが生殖活動であるが、それに倣い、自分の子供に限らず広く次世代をつくり育て、社会の永続に寄与する活動を「拡大版生殖活動」とここでは呼ぶことにしよう。これは社会の永続に寄与する活動なのだから、これを行えばよい人間になることができる。

社会の永続は〈私〉の永続の前提となることである。ということは、拡大版生殖活動は〈私〉の永続にも寄与するのであり、それを行う人間はよい生物と呼ぶことができるだろう。結局、拡大版生殖活動を行えば、よい人間とよい生物とが両立するわけだ。

子づくり・子育て・孫育てという本来の生殖活動は当然「拡大版生殖活動」に入るし、教育は拡大部分に入る代表的な活動。プラトンが考えたような名作を世に生みだすのもこれに入る（一〇五頁）。それらに加えて、次世代が暮らしやすい環境を整備することをはじめ、次世代に役に立つ活動全般を「拡大版生殖活動」に含ませたい。

身近な例を上げれば登下校の見守りや小学校での読み聞かせボランティアをなさっている高齢者の活動は拡大版生殖活動であり、このような活動に老後を充てたら、生々しい生殖活動が終わって生物としては消え去るべき存在であっても、人間として長生きの許可証が得られると思う。そう期待した上での実践が五章で紹介した出前授業であり、本書の執筆なのである（君たち次世代の人たちが読んで少しでもためになったと感じてくれると嬉しい）。

しかしここからは本音なのだが、幸福になるには他者に配慮し、つねによい行動をとらねばならぬのかと思うと肩がこる、疲れる。この歳なのだから、人様のことなど気にせずに気楽に遊びたい、遊ぶのが疲れるならボーッとして過ごしたい気もする。しかしアリストテレスは、遊びは幸福ではないと言う。また幸福な一生をまっとうしてはじめて幸福な人だと呼べるものだとし、そのような人を《完璧な正方形》と形容する。遊びがなく（＝ゆるくなく）、四角いことを本書では問題視してきたのであり、最後に来て、生真面目で四角いのがよいとするのもどうかと考えてしまうのだが、ボーッとするのは、やりたくなくてもボーッとなってしまう後期高齢者になってからたっぷりやることにして、それまでは何とか社会のためにお役に立ちたいとは思う。

とはいえ体はガタガタ。もうたいしたことなどできはしない。しかし拡大版生殖活動には高齢者にとってまことに都合のいいところがある。この活動を行うことは、次世代に配慮している高齢者がここにいることを、君たち若い世代に見せることになり、それ自体が君たちへの教育になる。だからやることが大切なのであり、たとえたいしたことはできなくても、それはそれでかまわない。結果のため（外にある目的のため）にではなく、やるという行為がすでに目的を達してしまっている活動的な行為（エネルゲイア的な行為）が拡大版生殖活動。だからしっかりと成果を出そうなどと四角四面に力まずに、「姿勢を示しているだけでも、まあいいいんじゃないの」と肩の力を抜き、ゆるく構えてぼちぼちやっていこうと思っている。

おわりに

生きものとは何だろう？　小学校から大学院まで、生物の授業を受けてもさっぱり分かるようにはならなかった。知識が増えれば増えるほど対象は複雑さを増していき、混沌（こんとん）としてわけがわからなくなってしまったのである。

事実群を矛盾のないように整理し、それらを、意味をもったものとして一括して見て取る視点を得る。見るのだからイメージが形成されると言ってもいい。事実群のかもしだすイメージをもてて初めて「分かった！」と感じる、そんな経験を人生で何度かもった。

事実を並べただけではダメ。それを無矛盾的に整理する。それをやるのは論理的理性（悟性）である。ただしそれだけではなんとなく分かった気はしても、心底分かった気にはならない。イメージが浮かんで初めてストンと納得できる。アリストテレス曰（いわ）く《心は心的表象像（ファンタスマ）なしには、けっして思惟（しい）しない》（『霊魂論』）。イメージを形成するのは、理性の中でも類推する理性の役目。すでに知っていることとの類推から新たなイメージを形作る。昔はやった言い方をすれば、左脳（論理脳）の理解と右脳（イメージ脳）の理解が一致した時「分かった！」となるわけだ（科学的には怪しい言い方だが）。《単なる事実学は単なる事実人しかつくらない》（フッサール『ヨーロッパ諸学の危機と超越論的現象学』）。世界を事実で満たしても、意味をもつ世界にはならない。事実を意味あるものとして解釈して初めて自分の世界内に、その事実は確固たる位置をもつ。単なる事実だったものが、また一つ、自分の世界を豊かにするものとして付け加わる。たとえその知識を使って何かをしなくても、そのことを理解しただけで、自分が得体の知れない世界に住んでいるという不安が少なくなり、安心して生きていけるようになる――そんな経験を積みながら歳を取ってきたように思う。

事実の解釈はとても重要なのだが、学校で科学的事実の解釈法を教えてもらった記憶がない。なぜ教えないのかは、高校の教科書を書くようになって分かってきた。教科書に事実の解釈を書くと「ある特定の見方に偏った記述である」と、教科書検定で意見がつく。事実は客観的、それをどう解釈するかは個人的・主観的な作業である。解釈の仕方はさまざまであり、それらすべてを教科書に書くわけにはいかない。一つ二つだけ書けば、いきおい「偏った見方」になる。そこで教科書は事実の羅列にならざるを得ず、無味乾燥・無意味な、まことにつまらないものになるわけだ。それを使った授業も似たものになりやすい。

生物についてのイメージを与えてくれたのが沖縄の海だった。若手講師として琉球大学に赴任した最初の年は、用がなくても毎日海に潜り、生物たちのいとなみを眺めていた。潜り続けるにつれ、しだいしだいに彼らの世界が体に染み込んでくる。生物がこんなものだという感覚・イメージ・生物を見る目が体の中で形成されていく。一年もたつと、この視点に立てば、生物について何を言っても、そう間違ったことにはならないだろうという自信がついた。もともと生きもの好きでもないのに生物学者になってしまい、いつも後ろめたさを感じていたのだが、その思いが払拭され、生物学者として腰がすわったなという気がしたものである。

そういう視点に基づいて生物の意味を長年考え続けて得たものを、若い方々にお伝えしたくて書いたのが本書である。「遺書」のつもりで書いた。もちろんきわめて個人的・独断的な視点に基づくものだが、生物はそもそも多様なのだから、それを見る目も多様であっていいだろう。

《鳥の将に死なんとするや、その鳴くこと哀し。人の将に死なんとするや、その言うこと善し》(『論語』泰伯)

理性の衰えた老生物学徒の最後の声など哀れとしか響かないだろうが、「言うこと善し」

と感じて下さる方が少しでもあれば嬉(うれ)しい。

本書を書くきっかけはプリマ編集部の鶴見智佳子さんからの手紙だった。拙著『生物多様性』をお読み下さり、その中のキーワード「生物はずっと続くようにできている」を視点に据えて、そもそも生物とはどんなものかを高校生にも分かるように説いた入門書を書きませんかとのお誘いだった。人生の総まとめをしなければと思っていた矢先だったので、渡りに舟とばかりお引き受けした次第である。ところが書き残したいことがありすぎて、あらぬ方向に脱線した原稿の山ができ心配をおかけしたのだが、余計なものは「断捨離」し、なんとか注文に沿うものになったと思っている。鶴見さんには感謝！

例によって最後に歌を付けておく。御笑唱下されば幸いである。

平成最後の師走吉日

本川達雄

魂プシューケー

いきものは　みな　魂をもつ
ギリシャ語で　プシューケー
いきものの　働き
いきもの　すべての　もつ　働きは
栄養摂取して　生長して　生殖して
子孫を残すこと
目指すところは
私が生きて　私によく似た子を残し
〈私〉の永続を　はかること

いきものを呼ぶ　名前には二つ
ギリシャ語で　ビオス
二つめは　ゾーエー
ビオスは個体のこと

個体は　必ず死ぬが
ゾーエーは　死なず
親から子へと　伝わりながら
個体を活動させていく
今の言葉なら
遺伝子がゾーエー
遺伝子　子孫に伝わって
子孫の〈私〉を　つくってく

魂プシューケー

作詞・作曲　本川達雄

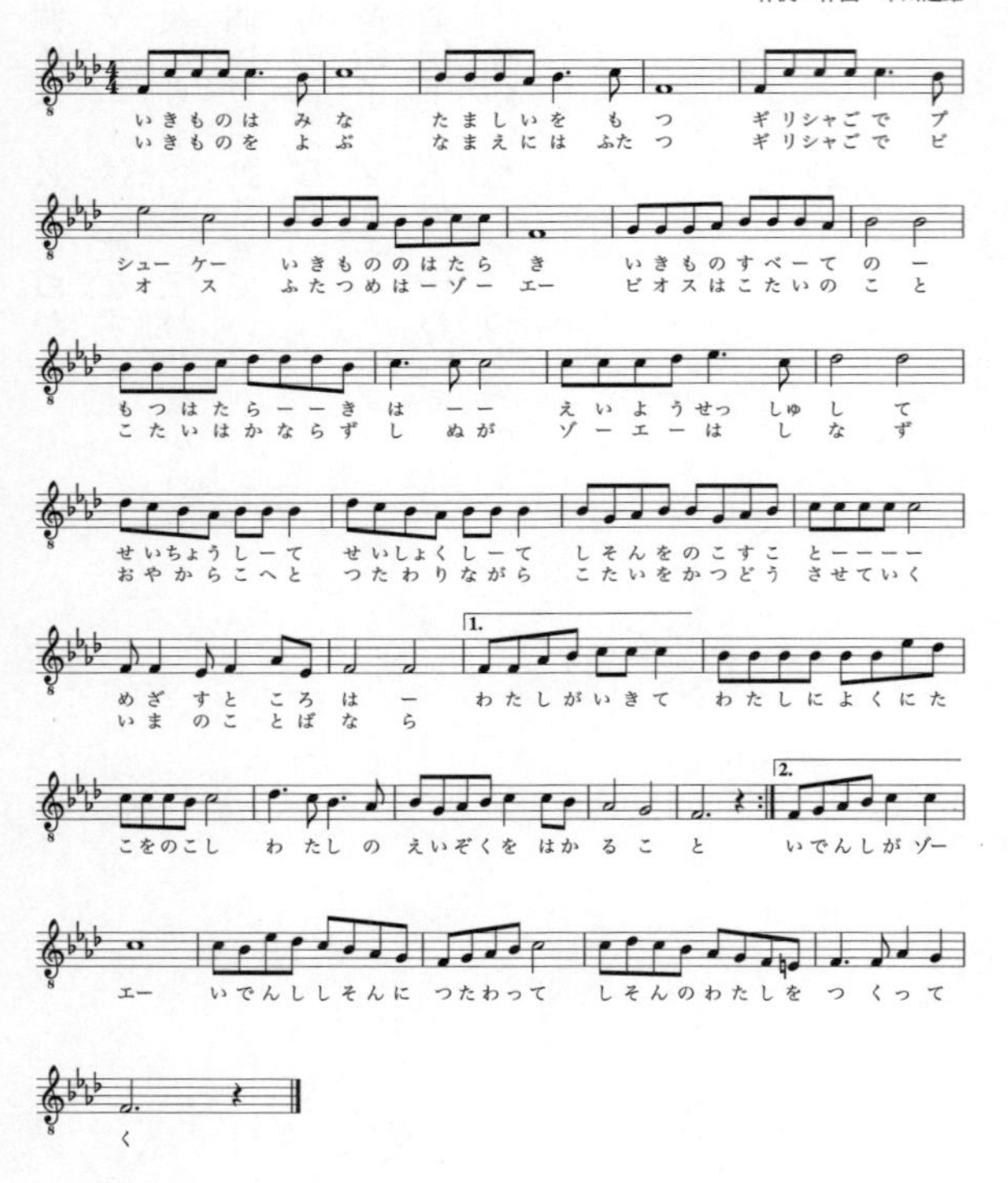

chikuma primer shinsho

ちくまプリマー新書319

生きものとは何か　世界と自分を知るための生物学

二〇一九年二月十日　初版第一刷発行

著者　本川達雄（もとかわ・たつお）

装幀　クラフト・エヴィング商會

発行者　喜入冬子

発行所　株式会社筑摩書房
東京都台東区蔵前二-五-三　〒一一一-八七五五
電話番号　〇三-五六八七-二六〇一（代表）

印刷・製本　株式会社精興社

ISBN978-4-480-68344-1 C0245　Printed in Japan